后浪

人怎样变成巨人

КАК ЧЕЛОВЕК СТАЛ ВЕЛИКАНОМ

第三部

Илья Яковлевич Маршак
& Е. Сегал
[俄] 伊林 谢加尔 —— 著

王汶 —— 译

北京联合出版公司
Beijing United Publishing Co.,Ltd.

目　录

第三部

第一章

第二章

第三章

第四章

第五章

第六章

第七章

第八章

第九章

第十章

第三部

第一章

最后的罗马人

意大利被蹂躏了。许多城市被毁坏了，另外一些城市被夷为平地而完全消失了，就像从没有过它们似的。也可以看作是背叛了人类的自然力曾经在这里当过家。只有洪水或地震才能把不久前还很繁荣的国土破坏成这样。

未经播种的田里长满了杂草，没人照顾的葡萄园变成了茂密的丛林。土地不愿意荒废，它在随它自己的意思治疗伤口。

废墟里躺着罗马元老院议员的别墅。半开化的外来人在用它的碎块、粉红色和白色大理石、圆柱和三角楣饰建造他们的村庄，砌筑堡垒的墙壁。

斧子在柏树林里无拘无束地穿行。柏树劈柴在熏黑了的小屋子里的火炉里熊熊燃烧。

在哥特人村庄的街道上，孩子们在玩弄雕像的碎块，而母亲们在用罗马人的宽袖和紧身衣的碎片包裹婴孩。

在邻近的封地上，新的主人——哥特国王的亲兵——落了户。国王并不吝啬把

异邦的土地分给他。现在哥特族是意大利的主人[1]。但是奴隶们的日子并没有变得比以前好过。

不是不久以前，他们曾经热烈地欢迎来客，替对方打开了城门吗？

而现在，来客们又使他们回到他们的犁和锄头那里去了。

有些地方，还有从前的农夫——罗马人——生存着。他们在混日子，或者说得更确切些，在苟延残喘，想使自己适应那可怕的、他们所不了解的新生活。他们每年都到拉文纳[2]，到哥特国王的国库去纳贡，年贡占了他们收入的三分之一。但是他们还很庆幸，没有把他们的全部收入都夺走。

新的首都拉文纳不像以前的首都，它像座堡垒似的矗立在北意大利的森林里，在它的广场上，在古代的异教庙宇上面，早已竖起了十字架。在审判厅的长方形建筑里，在从前法官们坐的地方，建造了祭坛。

[1] 这里指东哥特族，东哥特族属于日耳曼人，当时文明程度比较低，是所谓“蛮族”。公元 488 年，东哥特族侵入意大利。

[2] 公元 493 年，东哥特王攻陷拉文纳，建立东哥特王国。拉文纳在今意大利北部沿亚得里亚海。

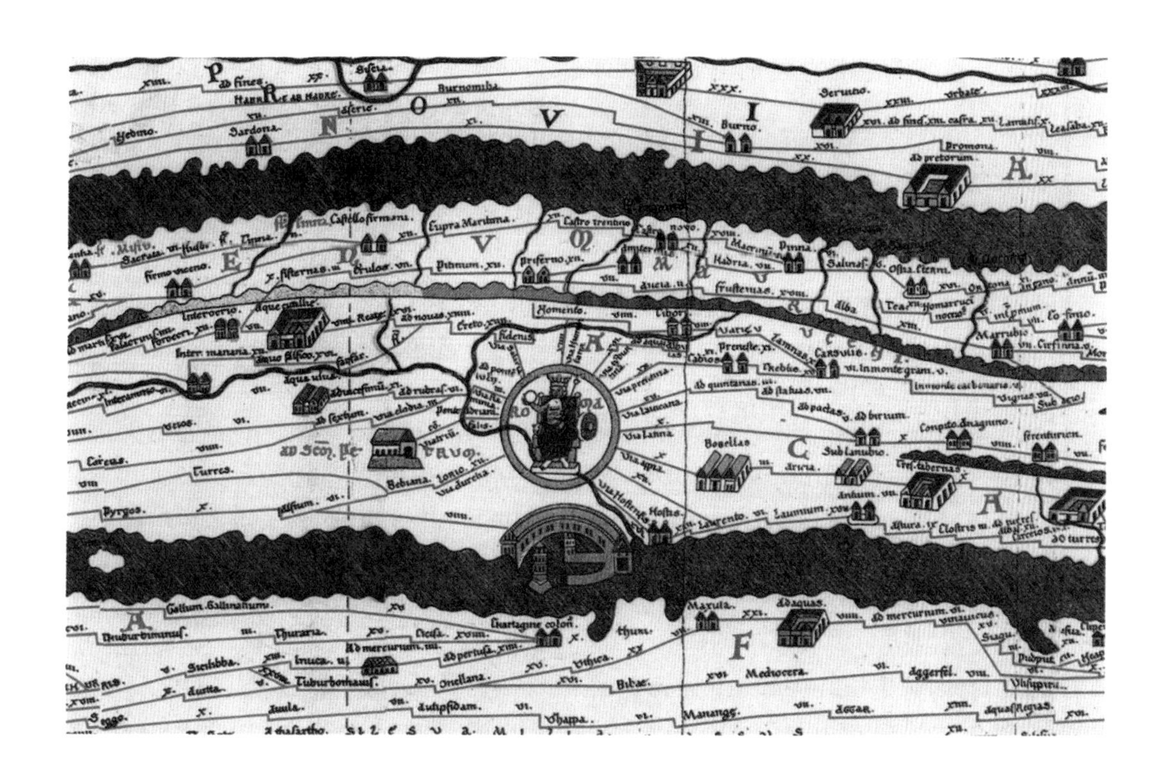

哥特族的国王狄奥多理克[1]唤自己是奥古斯都[2]，他接见使节的时候，身上披了紫红色的长袍，头上戴了灿烂夺目的王冠。

但是他多么不像从前的那些奥古斯都啊！他也不会读拉丁文，连在布告下面的自己名字都不会签。

在需要给邻国——勃艮第或是法兰克王国[3]——的国王写公文的时候，他总把他的秘书兼顾问卡西奥多勒斯[4]召唤过去。

卡西奥多勒斯是一个显贵的罗马人，罗马元老院的议员。但是他很顺从地应召而来，手里拿着蜡板，像一个普通书吏似的把他主子的命令写在蜡板上。

卡西奥多勒斯并没有失去希望，相信他总能够教那些没有教养的、粗野的蛮族人学会一些什么。他知道，他们没有学问是不行的。对于这个新出现的“奥古斯都”

[1] 狄奥多理克（约 455—526），东哥特王国建立者，493—526 年在位。

[2] 公元前 27 年，罗马执政官屋大维（前 63—14）任罗马帝国元首，获得奥古斯都的尊号，以后一直沿袭下来，奥古斯都成为罗马皇帝的称号。“奥古斯都”有神圣庄严的意思。

[3] 勃艮第族和法兰克族都属日耳曼人。公元五世纪，勃艮第人曾在西欧今瑞士西部一带建立勃艮第王国，六世纪并入法兰克王国。公元 486 年，法兰克人消灭西罗马在北高卢的残余势力后建立法兰克王国。

[4] 卡西奥多勒斯（约 490—585），罗马历史学家、政治家和僧侣。

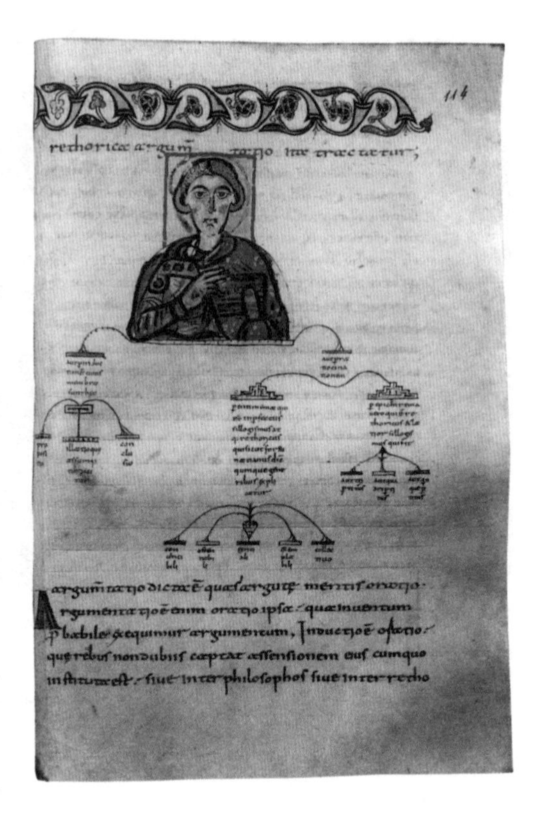

来说，对于这个蛮族的领袖来说，国家还是件新事物。不用罗马的顾问和官吏，他就没有法子把一切整顿起来，没有法子应付管理上的复杂问题。哥特人无论什么全依仗自己的武力。他们说，掌握打仗的事情不是用笔，而是用剑。但是难道国家大事不用识字的人、不用笔就能对付得了吗？

于是手里握着笔的卡西奥多勒斯常常向他的主子提出忠告。他的主子像学生听老师的话一样地听自己的文书的话。

狄奥多理克有一个女儿叫阿玛拉松塔，她比她的父亲还要明白学习的好处。她拿起书本，急于想学会科学和文化的语言。过了几年，不久前的蛮女已经能够把维吉尔[1]的诗从拉丁文译成希腊文了。

她的儿子阿坦那利克，王位的继承人，渐渐长大了。她不顾国内严禁教哥特族的孩子读书写字的规则，开始教他读识字读本。

年龄最老而且最有胆量的亲兵们得知了这件事，就到国王跟前去，愤慨地要求停止教导那个少年。

他们说，这对于别人是个很坏的榜样，难道国王自己破坏自己的法律是对的吗？为了培养出一个勇敢的战士，是不需要什么读书识字的。谁要是害怕过

[1] 维吉尔（前 70—前 19），古罗马诗人。

老师的笞打，哪怕只是一次，就再也不能威武不屈地立在剑锋的前面了。

卡西奥多勒斯默默无言地听着亲兵们的话，他脸上的表情很冷漠，虽然他心里瞧不起这些蛮族。

他们曾有过些什么呢？粗野和无知。

不是不久以前，塔西佗[1]在描写日耳曼人的时候还在说，他们的孩子赤裸着身体，污秽不堪地跟牛和猪等住在一起长大吗？恺撒也说过，日耳曼人对于强盗的袭击行为，认为不是可耻的而是教育青年的方法。卡西奥多勒斯想起普林尼[2]叙述的日耳曼人某个部落的一个故事，那个部落居住在北海沿岸，不久以前还在建造水上村庄，不知道什么是农业。

狄奥多理克委托卡西奥多勒斯编写哥特族的历史。这是一件不轻松的工作：他们的历史还在往后的日子里。但是卡西奥多勒斯仍然相信文化的力量，相信它会征服野蛮的……

国主狄奥多理克还有一个顾问——波伊提乌[3]，他也是罗马人，也出身古代的贵族门第。他喜爱科学。在他的

[1] 塔西佗（约 55—120），古罗马历史学家，主要著作有《日耳曼尼亚志》《历史》等。

[2] 普林尼（23—79），古罗马作家，著有《自然史》，是一部百科全书式的著作。

[3] 波伊提乌（约 480—524 或 525），古罗马晚期哲学家，曾经被东哥特国王狄奥多理克所重用，后因遭忌，被捕处死。

家里，书籍占据着最受尊敬的位置。他在闲暇的时候研究受和谐管理的规律。他为了要洞察数学和声音之间神秘的关系，把弦线张在板上，一会儿把它们缩短，一会儿放长。他著了一本论音乐的书，这本书后来流传了好几个世纪。

他也搞机械学。他替狄奥多理克造了一座钟，那座钟不仅能指示时间，还能指示天体的运行。

关于这座钟的消息传到了邻国——勃艮第王国。勃艮第的国王贡都巴德就要求狄奥多理克送给他一座水钟和一座太阳钟[1]。

波伊提乌又重新埋头工作。后来，狄奥多理克的使节就向里昂运去了一件珍奇的礼物——一个会计时和预报天体运行的东西。

狄奥多理克慰勉波伊提乌。卡西奥多勒斯受国王的委托，给波伊提乌写了一封信：

> 人们在用拉丁文阅读你所翻译的托勒密的《天文学》和欧几里得的《几何学》。研究神学的柏拉图和逻辑学家亚里士多德在用罗马语言争论着。你把机械学家阿基米德也用拉丁文介绍过来。果实累累的希腊无论产生了什么样的科学和艺术，罗马都依靠你用祖国的语言理解了它们。

波伊提乌读这封信的时候想：“我认得出这是卡西奥多勒斯的

[1] 水钟就是滴漏，太阳钟就是日晷。

笔迹。这些蛮子不经过一百多年是学不会自已领会亚里士多德和托勒密的本领的。”

波伊提乌把每一分钟闲暇时间都用在阅读书籍上面。他希望不看见也不知道世界上所发生着的事情。可是，“永恒的”城市、骄傲的罗马帝国成了什么样了啊！蛮族的大军像洪水一样淹没了整个国家。饥馑和瘟疫跟在战争后面来到了，为了杀死那些残存下来的人们。罗马的元老院议员竟忘记了他们是罗马人，在蛮族面前卑躬屈节，指望能把他们的财产保留下一点什么，哪怕是一点点也好。但是难道能用温顺的词句来制止住洪水吗？！它将冲走一切——不仅冲走罗马人的财产和权利，而且还将冲走哲学、艺术和科学。

但是现在来制止它也许还不算太晚吧？

于是波伊提乌和元老院议员们商量，给依旧由恺撒统治的拜占庭[1]写信。

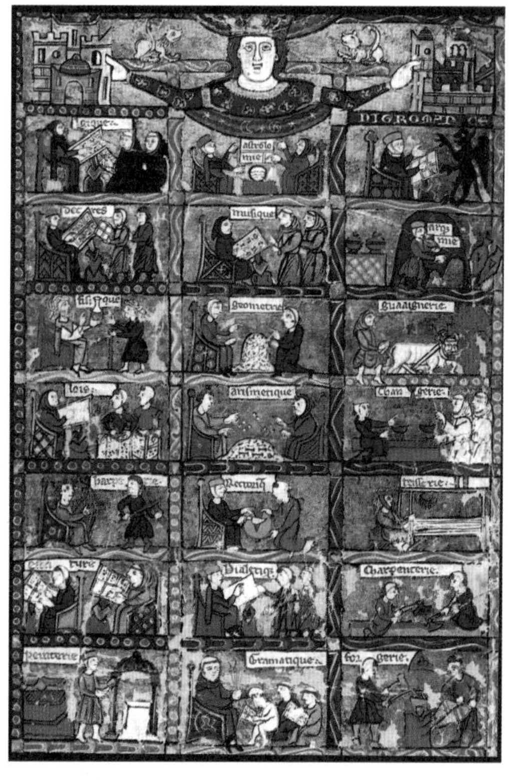

也许可以从那里派来救兵吧！洪水的浪涛还没有把东罗马帝国卷入。

阴谋的线从拉文纳牵向拜占庭。但是秘密没被保守住，阴谋被揭露了。愤怒的狄奥多理克于是命令手下把波伊提乌关进监狱。

当波伊提乌在石头墙壁后面等待那

[1] 恺撒原是古罗马统帅和政治家，公元前46年建立独裁统治，后来罗马和西方帝王习用“恺撒”作为头衔。四世纪末，罗马帝国分成东西两部。西罗马帝国首都仍在罗马，于公元476年灭亡。东罗马帝国首都在拜占庭。

不可避免的死刑的时候，他又重新在哲学里寻找安慰。他著了一本书，书名就叫作《哲学的慰藉》。

沉重的门紧闭着，看守不受贿赂，他们不放波伊提乌的朋友们去看他。而且他的朋友里还有哪个是自由的呢？

但是他终究不是孤独的，他有许多书。和他一样曾经在监狱里从哲学中寻找安慰的苏格拉底常常到他那里去。古时候的哲人们都到他那里去。但是已经注定要死的人是很难安慰的，他的心里充满了悲哀。在他前面看不见一线希望。他想，一切都是空虚。在这个土地上的一切都是暂时的、要腐朽的，甚至于“永恒的”城市在时间的破坏力面前也没法站住。

笔尖在书页上奔跑。头脑不停止地工作。

剑子手却已经在磨那柄将砍掉这个正在思想中的头脑的斧子。

“最后的一个罗马人”——波伊提乌——死在断头台上了。

那么卡西奥多勒斯呢？莫非他也死了吗？或者他不是罗马人？

不，他醉心于古代文化的程度并不比波伊提乌差，但是他没有参与阴谋。他研究历史太久了，知道想停住历史是不可能的。

不过他还是为文化而不断斗争着——按照他自己的方法斗争着。

他远走到南意大利，走到他自己的领地去，在那里造了一座修道院——世界上最早的修道院之一。

他给修道院起个名字叫作“维瓦里乌姆”——“生命的修道院”。卡西奥多勒斯想在这座修道院里把那些残留下来的虽然很少的东西保留住。

他向修道院里的修道僧们说：没有比做誊写工作再崇高的了。

修道僧们从早到晚誊写罗马和希腊的哲人们的著作。

时间年复一年地逝去了。

已经到了第六世纪中叶。

东哥特王国早已崩毁了。在拉文纳住着新的主人——伦巴第人[1]。

[1] 日耳曼人伦巴第族于公元 568 年攻入意大利，建立伦巴第王国。

在南边，在维瓦里乌姆，生活和从前一样，缓慢而持久的工作一天也没有停顿过。像蜜蜂在蜂巢里一样，修道僧们为后代子孙采集古代智慧的蜜。他们的主持僧——卡西奥多勒斯——已经是一个高龄的老人。他已经九十多岁了，但是他还没有时间去死。好像连死亡都没有决心走进生命的修道院来打断他的工作，停住他的笔尖。

有的时候，卡西奥多勒斯也从手抄本上抬起眼睛来，眺望那山头上蓝色的雾霭。他所看见的不是这些山，而是罗马的街道、自己年轻时候的岁月、自己的朋友。他看见波伊提乌，并且想起了那人的著作《哲学的慰藉》。

那些把波伊提乌送去处刑的人早已不在人世了。狄奥多理克长眠在棺椁里，他的女儿阿玛拉松塔也死去了。蛮族因她不愿意做蛮女，把她杀死了。

从前的罗马也没有了。

书籍的寿命比罗马长。智慧的寿命是超越世纪的。

卡西奥多勒斯急于把这些智慧像遗产一样传给后代的人们。他的著作叫作：《论七艺》。卡西奥多勒斯精通七种艺术学问。它们的名称是：文法、修辞学、辩证法、算术、音乐、几何学、天文学。怎样把它们归拢到一本书里去呢？老人的手在颤抖，他的心疲倦了。这颗心在过去九十年，而且是非常艰苦的年月里，忍受了多少痛苦啊！

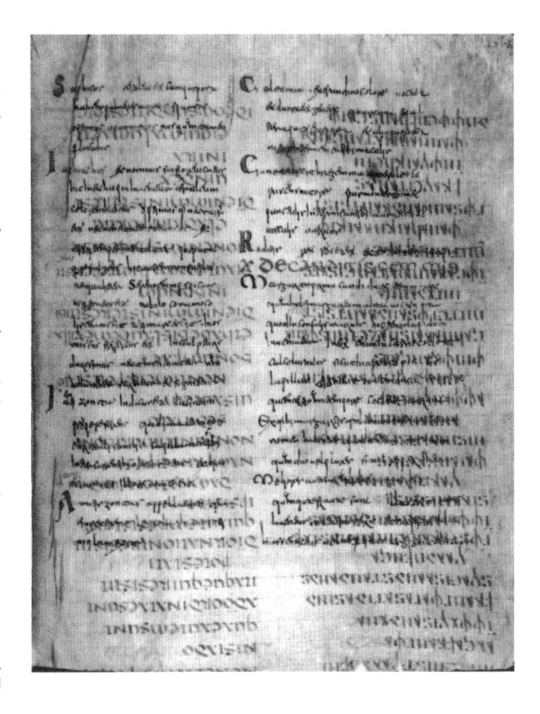

但是老人知道，他不能死，他必须把事情做完。至少也要提出那许多哲人的名字，让人们知道，哪儿能找到宝藏，哪儿收藏着宝物。

书写成了，卡西奥多勒斯以百岁高龄死去。但是有别人继续他的事业。在修道院里，许多誊写僧都俯伏在纸卷上面。

除了誊写以外，智慧的朋友们还剩下些什么事情可干呢？创新的时候过去了，现在至少得保留和传下旧的智慧。

周围，一年比一年黑暗，识字的人越来越少了。

“我们的科学研究在消亡中。”图尔的主教格列高利[1]在写给他的朋友诗人福丢内塔斯[2]的信里这样说。

修道院的数量变多了，但是僧侣们常常把卡西奥多勒斯曾经视为神圣的事业看成是罪恶。

教会的首脑——罗马教皇——写给他的一个主教的信里说：“你好像在学习文法——我不能不感到惭愧地重复这句话。我很悲哀和感伤，请你证明你不是在学习无聊的世俗的学问吧，这样，我们就将赞美我们的神。”

科学被人轻视，被人怠慢。在雅典再也没有阿卡德米（学园）[3]了。它存在了九个世纪，最后的哲学家们曾经在它那里找到安身的处所。但是后来连他们也被人奉

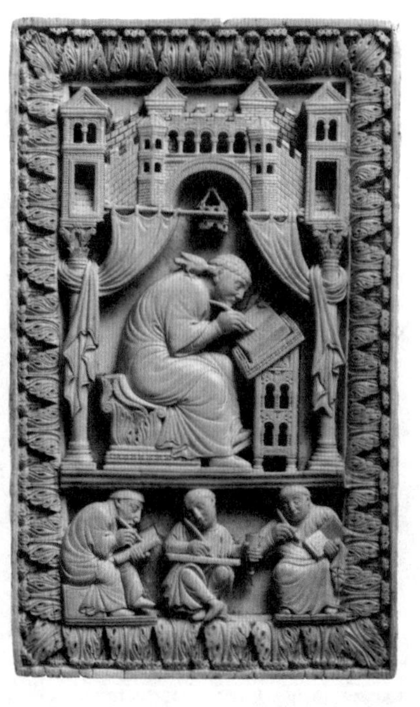

[1] 图尔的主教圣格列高利（约538—594），法兰克的历史学家。

[2] 福丢内塔斯（540—600），法兰克的诗人和主教。

[3] 阿卡德米原是柏拉图教授哲学的学园，是希腊文的音译。

了拜占庭皇帝查士丁尼[1]的命令赶散了。在亚历山大里亚，群众焚毁了塞累彼翁图书馆——塞累彼斯[2]庙。人们把数学家西翁[3]的女儿希帕蒂娅[4]五马分尸，因为她步她父亲的后尘：学习几何学和天文学。

甚至于在那里——在雅典，在亚历山大里亚——都再没有给科学安身的地方了。何况在异乡，在高卢和日耳曼繁茂的森林里呢！

如今它不得不过艰难的生活了。它过着完全是被贬黜和受考验的日子。

人们将出于宽容——只把它当作"神学的仆人"——允许它待在修道院里。它将变成灰姑娘[5]了。

但是世纪在逝去，耐心将得到补偿。童话里的王子将敲开那扇包着铁皮的门。他将牵着灰姑娘的手，把她从地下室里领出来，让她做王后。这个王子将叫什么名

[1] 查士丁尼（483—565），东罗马帝国皇帝，527—565 年在位。

[2] 塞累彼斯是古埃及下界的神。

[3] 西翁是四世纪的古希腊数学家。

[4] 希帕蒂娅（约 370—415），古希腊一位伟大的女数学家，公元 415 年被基督教徒虐杀。

[5] 灰姑娘是童话里的人物，被继母驱使，每天和煤渣做伴，后来得仙女帮助，成为王子的爱人。

字呢？叫罗吉尔·培根吗？还是列奥纳多·达·芬奇？还是乔尔丹诺·布鲁诺？[1]

谁读完这个故事，就会知道。

[1] 罗吉尔·培根（约1214—约1292），英国思想家、实验科学的前驱者。列奥纳多·达·芬奇（1452—1519），意大利文艺复兴时期自然科学家、工程师、美术家。乔尔丹诺·布鲁诺（1548—1600），文艺复兴时期意大利哲学家。

科学变成亡命者，在各修道院流浪

周围越来越黑暗。甚至于在神父中间都很难遇到有学问的人了。

只是在某些地方，像孤立的山岩那样耸峙着修道院。在它们的厚墙里面，在从小小窗口射进去的暗淡的光线下，勤勉的僧侣们从早到晚在誊写书本。

当蛮族大军淹没了整个帝国的时候，逃亡的人流涌向帝国的边境——不列颠和爱尔兰。

破旧的小舟摇摇晃晃地把受惊的妇女，啼哭着的孩子和提心吊胆的、暴躁的男人载过海峡。

这些人所熟悉的一切——他们的家屋、他们的土地、他们的奴隶，都遗留在后面了。

他们只能带走最值钱的东西。即使这样，船也因为过重而倾斜了。

有的人搬走了黄金和白银，有的人在行李里面装着贵重的皮货和织物。还有这样的人，他们认为最宝贵的东西是书。他们在惊慌忙乱中没有忘记把心爱的诗人和哲学家们一起带走。

现在很少有人想到古代的智慧。但是它却悄悄地藏在小船上的大包、小包和人群之间了。它在耐心地等待自己出头的日子。

这一天终于来临了……

在爱尔兰的某个修道院里，一位有学问的僧侣在记载古代的传说。这些传说还是多神教的歌手[1]——行吟诗人——所辑集的。但是这位有学问的僧侣不是平常的誊写僧。

当他讲述爱尔兰水手迈尔-杜音航海的时候，他不能不想起另外一个航海者——奥德修斯[2]。他把刻克洛普斯[3]和美丽的加里普索[4]都从地中海搬到大洋里去了。

---

[1] 这里的多神教的歌手指希腊时代的歌手，在希腊神话里信奉许多神而不是一个神。

[2] 奥德修斯是古希腊长篇叙事诗《奥德赛》里的主人公，诗里叙述了他在特洛伊战争后在海上漂流十年终于回到祖国的故事。

[3] 刻克洛普斯是希腊神话里的独眼巨人，住在西方的山洞里。奥德修斯从海上漂流回国途中，曾经到过他们那里。

[4] 加里普索是希腊神话里的一个女神，住在海岛上。奥德修斯从海上漂流回国途中，曾经被她留在岛上七年。

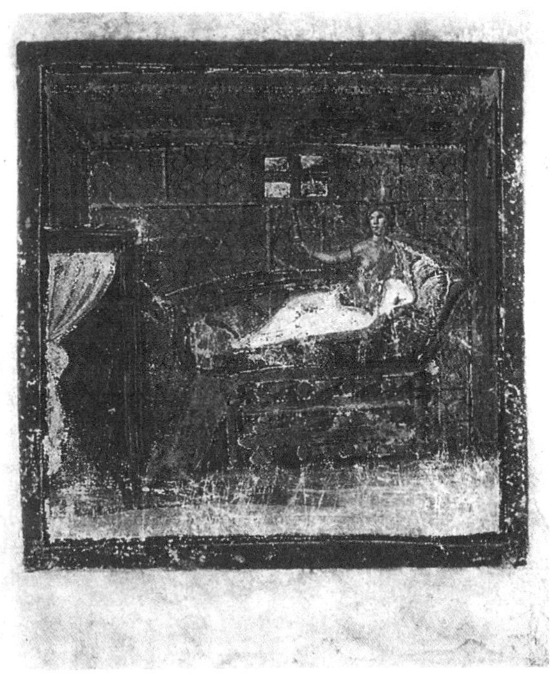

他把圣歌唱咏者大卫[1]的词句编进了古代的爱尔兰传说里去，随后又把维吉尔的诗也编了进去：

我们将不会再愉快地忆起这事。

在大地的边缘，离最末端的图勒[2]不远，又重新听到了罗马诗人的声音，而在他的故乡，人们却把他忘记了！

科学也和诗一同在爱尔兰和不列颠的修道院里找到了避难所。

学者贝德神父[3]为修道院学校编著了一些教科书。他用自己的文字重述波伊提

[1] 大卫相传是古代以色列王国的国王（前11世纪—前10世纪），统一犹太各部族，建立王国，定都耶路撒冷。《圣经·诗篇》里的许多诗歌都托称是他所写。

[2] 图勒是古代所说的世界极北地区，有的认为指挪威，有的认为指冰岛，有的认为指设得兰群岛中的最大一岛梅恩兰岛。

[3] 贝德（约672—735），又称可敬的贝德，是英国僧侣和教会历史学家。

论音乐的著作。不列颠人阿尔昆[1]用贝德的书研究算术和音乐。

就像这样，知识的火花穿越了世纪，从一个人转移到另外一个人——从亚里士多德到波伊提乌，从波伊提乌到贝德神父，从贝德到阿尔昆。

阿尔昆也不把这个火花藏在自己手里，他想法把它继续传递下去。

亚里士多德曾经做过亚历山大大帝的导师。

阿尔昆也把科学教授给查理大帝[2]。

法兰克国王查理是个雄伟、勇敢的武士。在打仗的时候，他会用他沉重的剑一下子把敌人的头盔连同头骨一起劈成两半。

但是对于他的巨大的手来说，笔尖却嫌过于轻小了，他还不会对付它。

他就寝的时候，把蜡板和尖棒——铁笔放在枕头底下。夜里，他睡不着的时候，就把蜡板拿出来，勤勉地练习写拉丁字母。从开着的小窗里吹进的微风晃动着油灯的火焰。长胡子触着了蜡板，妨碍他写字。字母写得七扭八歪的。大胡子学生不满意，就用铁笔的钝端抹去写好的一行，重新再写过。查理在努力学习，他知道，识字是多么要紧的事情。

[1] 阿尔昆（约 736—804），英国神学家和学者，在语言修辞学和神学等方面都有研究。

[2] 查理大帝（742—814），法兰克王国加洛林王朝的国王，768—814 年在位，提倡所谓加洛林王朝“文艺复兴”。阿尔昆大约在公元 781 年应查理大帝聘请，去法兰克讲学、办学，成为加洛林王朝“文艺复兴”的重要人物。

在一个大国里，没有书吏、公廨、敕令、规章和使节是不行的。

查理的国家也不算小，而且它还在不停地扩大。他的火和剑征服了多少国家和民族啊！

查理还记得公元800年圣诞节那一天，那一天教皇利奥[1]把罗马皇帝的金皇冠戴到了他的头上。

皇帝怎么能是文盲呢！

有学问的人们每天晚上聚集在亚琛[2]的查理的王宫里。阿尔昆、历史家艾因哈德[3]和诗人安吉尔伯特[4]都在这里。

查理命令手下把他的儿子、女儿和姊妹们都请来，让他们也听听有学问的话。

在这种聚会上，每个人都有个绰号。

他们把安吉尔伯特唤作荷马，用罗马名字阿尔宾称呼阿尔昆，而且还附加上一个名字弗拉库斯——为了向罗马的诗人贺拉斯·弗拉库斯致敬。大卫王也在这里，他出乎自己意料地落入了希腊人和罗马人的团体。大家把查理大帝唤作大卫。

聚在一起的人们读诗、争论、练习

[1] 指罗马教皇利奥三世（约750—816），公元795年任教皇，799年遭罗马贵族驱逐，向法兰克国王查理求救。查理到罗马镇压，恢复利奥权位。800年，利奥在罗马为查理加冕，叫他作“罗马人皇帝”，此后法兰克王国就被称为查理曼帝国。

[2] 亚琛，现属德国，曾经是查理曼帝国的首都。

[3] 艾因哈德（约770—840），法兰克王国查理大帝的秘书和工部大臣，加洛林王朝“文艺复兴”的重要人物，著有《查理大帝传》。

[4] 安吉尔伯特（约740—814），法兰克王国的诗人。

谈话技术。每个人都努力想在口头比赛中胜过别人。当查理听见一个机智的回答的时候，他照例欢呼道："打击得好！"或者说："这才像一场舌战呢！"

这像一种游戏，但是参加游戏的人们认为它是严肃的、重要的事情。他们管自己的小团体叫"阿卡德米"，他们赞美查理，说他创造了新雅典。

但是这个在宫殿窗外看到的、在严寒的森林里的木头城市是多么不像雅典啊！而且这算是个宫殿吗？它那厚厚的石头墙壁，它那稀疏的小窗户和包着铁皮的大门，倒更像兵营或者堡垒。

“阿卡德米”这个词跟这种炉边夜话也不大符合。这不像阿卡德米，毋宁说是像孩子们和成人们就读的初级学校。在这里听不到新的发现和新的学说，这些人只在学习陈述自己的思想，而且那是自己的思想吗？

他们哪比得上阿卡德米呢！但是在周围百里以内，有的时候连一个识字的人都没有的地方，这种初级学校也是很需要的。

光阴不断逝去着。

知识的火花从一只手传递到另一只手。在黑暗里，它的光芒越来越暗淡，越来越微弱。

查理死后，他的国家分裂了。

查理用一只手收集土地，用另外一只手把一块块的土地——连同居民一起——分赠给他的伯爵和公爵们。

这些伯爵和公爵在自己的领地上感觉自己做了皇帝。

每一块领地都是一个小小的国家，一个独立的小世界。

世界又变得狭窄了

领地——这是独立的小世界，即使周围的一切完全消失了，即使伯爵的城堡和接邻的乡村处在大洋里的岛屿上，那个独立的小世界也还是能够存在的。

这里的农奴们为自己和自己的主人——领主——织麻布，鞣皮子，制皮靴，酿啤酒，研谷物，捕鱼。

他们不是奴隶，他们是农奴。

持续了几千年的奴隶制度跟罗马一起崩毁了。

新的制度——封建制度——在世界上逐渐形成和巩固中。

在地主的庄园里还有奴隶。但是一切事情不是依靠这些奴仆而是依靠农奴支撑的。

奴隶憎恨劳动，而农奴却不知道他

怎么能不劳动而生活。他只有一半或者三分之一可以自己做主，但是他总算还能做主。他双手不停地干活，既为地主，也为自己。奴隶是什么也不属于自己的，农奴却有自己的工具，他关心耙和犁是不是完好。

在这个像岛屿般独立在法兰西或日耳曼的森林间的领地上，一切都靠农奴的劳动来维持。周围是茂密的丛林，里面有狼和熊栖居。地主们只是偶尔带着一群猎狗，带着一队管猎狗的随从，骑着马到林子里去跑一圈。狗吠声和号角声传到很远，之后又一切归于寂静。

人们不常离开故土。道路状况很坏，连骑马都不是总可以走得通的。假如死人和新娘、出殡和结婚碰到一起的时候，他们就怎么也通不过去了。

谁高兴出远门呢！道旁土岗上的每一座城堡都是强盗窝。抬眼一看，一伙武装的强盗由领主亲自率领来突袭过路的人了。真得小心提防才是！

有这样一条规则：从车上掉下了什么东西，那就算是丢失了。总有那么一些人喜欢关心从车上能否多掉点东西下来。

不过很少有人乘车。商人们大半是步行，把自己所有的货物都背在背上——从辽远的东方国家运来的胡椒和调味用的香料、闪闪发亮的粗毛呢、姑娘们用的颜色

鲜艳的绸带子。

过了许多世纪之后，去伦敦的商船还被人们叫作“尘足船”——为了纪念商人们徒步在满是尘土的道路上旅行的那个时代。

世界已经变得比从前狭窄了。

在奥地利，写编年史的僧侣写道：诺曼人、英吉利人和法兰克人[1]还都是些

[1] 诺曼人指公元八世纪到十一世纪期间从北欧原居地向欧洲大陆各国进行远征的日耳曼人。英吉利人是英吉利的基本居民，法兰克人是法兰西的基本居民，都是由居住在这两国的各族人长期结合而成。

完全不出名的民族。但是在英吉利和法兰西，很多人甚至一点也不知道什么是奥地利。

人们歧视异族人，恐怕只在集市上才能看见异乡的商人。但是只有很少的城市里有集市，即使有，也不是经常的。

有的时候，跟异乡商人的斯打变成了杀戮，贸易变成了掠夺。商人们砸烂货摊和棚舍，打断彼此的肋骨。

人们很少知道关于他们所居住的那个行星的事情，就跟很少知道关于远处的星星的事情一样。他们管不着别的世界上的事情：他们没有它，也很容易过活。

书籍差不多没有什么留存下的了，它们只在修道院里才能被看到。非僧侣——世俗人们——甚至被禁止阅读圣书。

世界又重新在缩小。

连有学问的人们都在重新认为世界像一间狭窄的屋子，这间屋子四面都围绕着海洋。在大洋那边耸立着世界的围墙，它们向上弯形成苍穹，苍穹上面住着神和圣徒们。

在这个狭窄的世界里，只在大地的中央有一片海，有三个海湾和三条大河：尼

罗河、底格里斯河和幼发拉底河。在世界的边缘，在海洋的那边，还有另外一块地方，天国就在那上面。

在《基督教徒地方志》那本书里就是这样描绘世界的。这是一本古老的书。它还是公元六世纪埃及僧侣科斯马·印第科普留斯特斯[1]所著的。那个时候，在他的故乡亚历山大里亚，希腊科学还没有被人忘却。

连科斯马自己也见过世面，去过遥远的地方。人们把他唤作“印度航海家”——“到过印度的航海家”不是没有来由的。但是科斯马排斥科学。他说，由知识产生骄傲，而骄傲是罪恶。科学家解释日月食，也许解释得不错，但是这对于人们没有多大用处。科斯马还谦逊地补充道：“这不是我自己的见解，而是从圣书里学来的。”

学者们不再想阅读自然界的书了。他们的眼睛盯着变黄了的圣书纸卷。当他们疲倦、红肿的眼睛重新看世界的时候，他们看不见它了。

周围没有树木，没有花草，没有飞鸟，净是些符号和字行。每一件东西都是为了证明或解释圣书而存在的。

在昏暗的僧房里，教师向修道院学校的学生们讲解《生理学》。这本书是叙述珍奇的野兽的。

> 大象的本性是这样的：假使它跌倒，就没法再站起来——它的膝不会弯曲。当它想睡的时候，它就靠着槲树睡着。猎人知道大象的天性，就把树锯开一些。当大象走来靠在它上面的时候，槲树折断了，于是大象开始吼叫。另外一只大象听见叫声，赶来帮忙，自己也跌倒了，于是两只大象

[1] 科斯马·印第科普留斯特斯是公元六世纪的埃及商人、旅行家和僧侣。

一同大叫。那时候，就会走来十二只大象，它们也不能扶起躺在地上的大象，就又一齐叫起来。之后走来一只小象，把长鼻子伸到躺着的大象的身子底下，把它扶起……

孩子们张大眼睛听着，但是教师不让他们去想象住着象群的地方。

他解释给他们听，大象根本不是象，而是“信条”——古老的犹太宗教。小象是救世主，他很温顺，装扮成卑贱的形象，为了要拯救、扶起人类。

有趣的故事变成了玄妙的说教。

远处的传说越来越跟说教、跟圣徒们的生涯紧紧地编织在一起。

人们传说关于圣徒勃朗顿[1]和他旅伴们的事情。他们在海上航行，看见了一座大岛。他们停泊在岛旁，在它上面扎了营帐。突然岛摆了一下尾巴，就游起来了。这时候他们才明白，这不是岛，而是一条巨大的鱼……

人们非常详细地描写一个东方的国家，统治它的人是敬神的高僧约翰。他的宝座是用绿柱玉、红宝石和珍珠制成的。

在他宫殿里的宴会上，有三万人就席。

有七个国王、六十二个公爵和二百六十五个藩侯[2]侍奉他。他的左右两边，各站着十二个主教。

所有的人都相信这些传说。

连客人和高僧的心腹的人数都计算了而且列举得那么详细，那怎么可以不相信呢！

---

[1] 圣徒勃朗顿（约 484—578），传说曾在大西洋上航行。

[2] 藩侯原来是公元八世纪到九世纪法兰克国家边区的军事长官。后来他们的权力扩大，公元十世纪到十二世纪，在日耳曼逐渐成为世袭的大封建主。

人又重新住在狭窄的小世界里，讲述那些发生在世界围墙外面的事情了。

姑娘们又坐在纺车前，歌唱着叙述住在世界边缘上、住在图勒国土里的老国王的歌曲。海浪在塔的脚基下咆哮，而在塔里，国王和他的武士们一同在欢宴……

这就是在航海初期希腊水手们谈到的那个图勒。

孩子们好奇地仔细瞧看书里画着到圣地去朝拜的人们的插图。有一幅插图上画着地和天，地上看得见山岳和平原、森林和田地。

在极小的树林上面，高耸着极小的修道院和城堡的尖顶。地被天笼罩着，好似罩上了一顶帐幕。这顶帐幕上散布着许多天体，在它的上面，可以同时看见太阳、月亮和星星，这里同时是白昼和黑夜。

前面，在天的帐幕的边缘上，有一个身穿僧侣服装、手拿手杖的虔敬的朝圣者跪在那里。他拨开帐幕的布瞧看外面，惊愕地顾盼。

他看见世界的外面还有一些透明的天球，还有一个转动它们的巨大轮子。

在这幅图画上，世界被描绘得非常小，世界的边缘真是近极了。

瞧，这就是他，幻想走到世界边缘的婴儿。

人费了多大的力气才扩大了世界啊！而如今，他又重新处在狭窄的小世界里了。每一块领地都是靠自己的农业生活的、孤立的小世界。

但是在这个小世界里，正在进行着工作，进行着改造人类生活的工作。过一段时期之后，这个隐蔽的工作就会使大家都看得见了。那时候，世界和围墙将比从前要扩得更大。

东方还在发光

这时候西方在黑夜中，东方还在发光。就像平原已经陷入黑暗中，山顶上还是亮的一样。

船舶和商队继续从远方到东罗马帝国的首都君士坦丁堡去。从阿拉伯运来香料，从印度运来胡椒、调味料和珍贵的宝石，从阿比西尼亚[1]运来象牙。

蚕被藏在拜占庭僧侣们的镂空手杖里，秘密地携出了中国，运到远方去。君士坦丁堡的巧匠们已经在用拜占庭的蚕丝织贵重的织物了。

为什么当西罗马已经崩溃的时候，东罗马帝国却能够

[1] 阿比西尼亚是过去对东非埃塞俄比亚的一种称呼。

保全下来呢?

拜占庭之所以得以保全，是因为它放弃了奴隶制度。

如今在罗马，福鲁姆广场[1]上已经长满了青草。在君士坦丁堡，人们却在欣赏新的壮丽的宫殿和大教堂。

底边有一圈明亮窗子的宏大圆屋顶高耸在圣索菲亚大教堂上，像人手所造的天一样。

为了建造这个圆屋顶，为了把合唱团席架在一排排圆柱上，建筑者不得不想起古代的智慧——仔细地研究阿基米德的《论支柱》那本书。

圆柱头上装饰着最精巧的一圈花纹——用白色大理石雕镂的有锯齿边的簇叶。墙壁上用彩色石头在金色和蓝色的背景上镶嵌出了基督和圣徒们的像。

这个坐在豪华的宝座里的天国的皇帝是多么不像从前的基督——奴隶和穷人的朋友啊!

艺术家把拜占庭的皇帝画在他的脚下。皇帝披着用金线织成的衣服，他的头上戴着无价的冠冕。他跪着，低垂着头，把手伸向天国皇帝的双脚。

当皇帝在宫中接见最高贵的拜占庭大臣的时候，他们也是这样低跪在皇帝的面前，亲他的脚。

从前基督教徒不怕死亡的威胁，拒绝承认罗马皇帝是神。如今他们自己神化了他们人间的君主：他们在圣像上画出的皇帝头上有一圈灵光……

在拜占庭的许多事物都叫人想起古罗马来。难怪邻近的民族唤拜占庭的希腊人为罗姆人。只有他们还保留着古法律、古代科学、古代艺术的残余。

在教堂里，偶尔可以看见和多神教的神一样美丽的天使。在诗篇的插图上，弹

[1] 福鲁姆是音译，俄文是 Форум，英文是 Forum，原是罗马市内的中央广场，常作为公共集会场所。

着竖琴的大卫王像多神教的歌手俄耳甫斯[1]。大卫的肩后是缪斯神[2]，他的脚下是在山羊和绵羊当中光着半身的潘神[3]。

可这只是从前艺术的残余。

圣像上由于斋戒和不眠而变得憔悴的圣徒们的面容越来越没有光彩。

每一幅新的圣像都重复以前：艺术家们不敢破坏教会的规矩和传说。

艺术和科学拜倒在教会的脚下。

越来越经常地听到“异端”这个可怕的词了。

异端的意思本来是“不同的学说”，而教会不允许有不同的学说，它毫不留情地迫害异教徒。

神学家们之所以研究古代的哲学家，只是为了驳倒他们。

他们不读德谟克利特的著作，他们读亚历山大里亚的主教狄奥尼修斯写了来反对德谟克利特的著作。

狄奥尼修斯主张宇宙不是自然而然地从混沌里产生出来的。宇宙是造物主创造的，就像房子是建筑工人的手建造的一样。星不是自己在轨道上走，而是神的指示在引导着它们走。

狄奥尼修斯说，正直的人是这样相信的。这是正确的，不管可怜的人们——不相信的人们——愿意不愿意……

在教会的书籍里，古代哲学家被压得透不过气来。他们的思想被歪曲了。常常是一个严峻的僧侣作者侮辱他们，谩骂他们。

他们不是基督教徒，而是多神教徒！

[1] 俄耳甫斯是希腊神话里的诗人和歌手。善弹竖琴，弹奏的时候猛兽低首，顽石点头。

[2] 缪斯神是希腊神话里主管文艺和科学的女神。

[3] 潘神是希腊神话里的畜牧神。

保加利亚的约翰主教把亚里士多德的学说比作没味的东西——海浪的泡沫。乔治·阿马尔托耳毫不客气地叫德谟克利特是该诅咒的人。

从前，在希腊的蔚蓝色的天空下，多神教庙宇的圆柱曾经白得多么耀眼啊！在希腊学者的著作里的思想曾经多么闪闪发光啊！

如今夜幕迫近了。古代艺术的最后的光芒在拜占庭圣像上的金光和银光中逐渐消失了。被破坏了的多神教的庙宇的大理石在支撑着教堂的圆屋顶。

从焚烧掉的多神教书籍里引用来的句子在敌视它们的神学著作的书页上保留着古代智慧的残余。

拜占庭处在落日余晖中。

第二章

新的人物登场

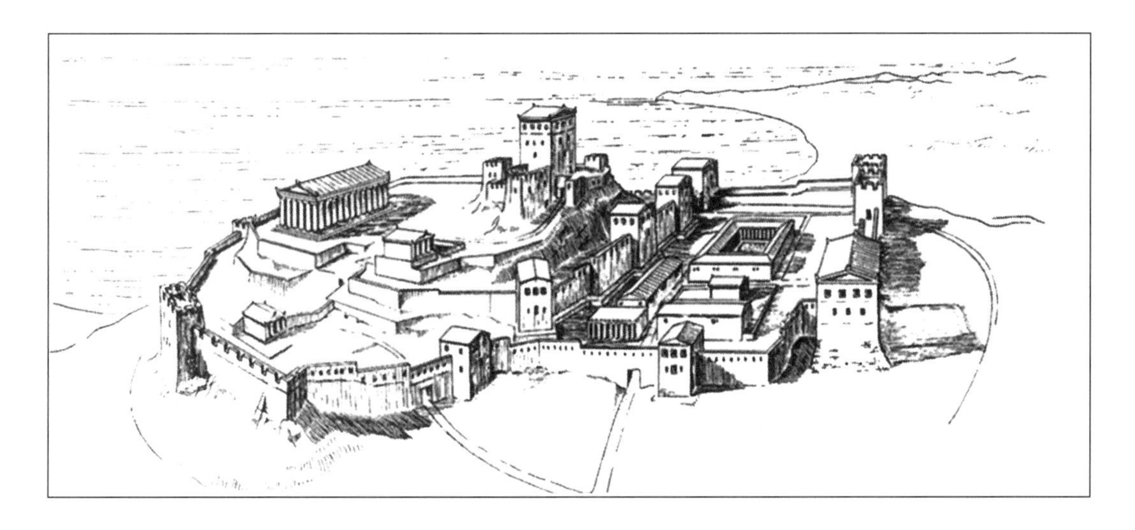

新的人物登上了历史的巨大舞台。

有的人唤他们作安泰[1]人，有的人唤他们作罗斯人。

“安泰”这个词儿的意思是“巨人”。人们传说，安泰人身材高大，体力惊人。他们是那样魁伟，身体太重了，连马都驮不动了。

这些罗斯人或安泰人是什么人呢？

他们是大俄罗斯人、乌克兰人和白俄罗斯人的祖先。

他们是西徐亚人[2]——农夫的后裔，希罗多德曾经去过他们那里。

据西徐亚的传说，从前，天上掉下金制的犁、轭具、斧钺和碗，落在他们的土

---

[1] 安泰原是希腊神话里的巨人，是海神波塞冬和地神盖娅的儿子。

[2] 西徐亚人也作斯基泰人，大约公元前七世纪，由东方迁到黑海北岸一带，组成部落联盟，曾建立西徐亚王国或斯基泰王国。

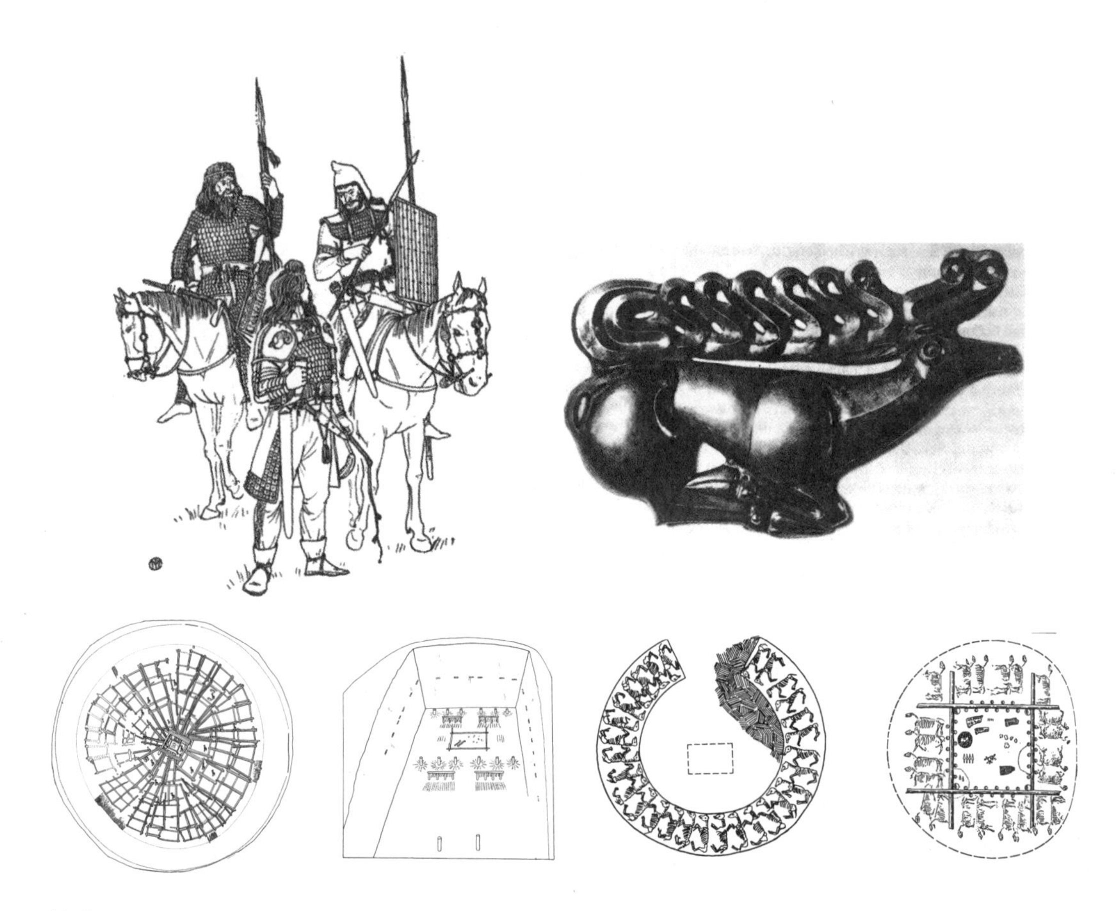

地上。

但是假使他们在古代村庄所在的地里挖掘一番，真的会在那里找到一些两三千年前他们的祖先种地用的工具。

几个世纪之后，考古学家在德涅斯特河和第聂伯河之间的平原上，找到鹿角制的耒耜、骨制的镰刀、石制的碾谷器、保存谷物用的泥制的大容器。

安泰人或者罗斯人就是从这些古代的农夫那延续下来的。

距离希罗多德的那个时代已经有不少时候了。住在德涅斯特河和顿河之间大平原上的人并没有把这些光阴虚度。

他们学会了更好地耕种土地，更好地建造房屋。他们的城市非常多，因此，外国人把他们的国土唤作“城市之邦”。

在这些用围墙环绕着的城市里面，能工巧匠——锻工、铸工、陶工和首饰匠们在作坊里干着活。泥土将把安泰工匠的金锭和银锭、铁匠铺的钳子、铸造用的模子、熔罐、斧子、纺锤保持很久。

安泰人是勇敢的民族。他们善于掌握武器——斧钺和弓箭，他们不是一大群人毫无秩序地拥挤着去打仗，而是分成几百人、几千人一队。

他们有老练的首领。老人们给青年们讲述关于勇敢的首领杜勃罗加斯特的故事，他不仅会在陆地上打仗，还能海上作战。拜占庭的皇帝赐给杜勃罗加斯特战事护民官的荣誉头衔，派他做在本都[1]——黑海——的浪涛间航行的全部希腊舰队的指挥官。

[1] 本都原来是希腊语 πουτος 的音译，意思是海。公元前四世纪曾在黑海东南岸建立本都王国，随后扩大到黑海北岸，公元前一世纪并入罗马版图。因此本都成为当时黑海的名称。

安泰的——罗斯的——商人们和南方的拜占庭人做买卖，也和东方的哈查尔人[1]做买卖。从辽远的阿拉伯来的最早的商队经过哈查尔人的土地，走到他们那里去。

阿拉伯的旅行家在自己的日记里记着，在第聂伯河上有个叫作库雅比亚的国土

[1] 哈查尔人出自突厥族，公元七世纪到十世纪在第聂伯河和伏尔加河下游之间曾建立过国家。

和叫作库雅巴——基辅——的城。

往远去，是斯拉夫亚——诺夫哥罗德的国土。再往远去，是有阿尔斯城的阿尔塔尼亚，这应该是伏利尼的国土。

一年又一年，十年又十年地过去了。

罗斯的诸公爵结合成了一个大基辅国。基辅变成了首要的罗斯城市，“罗斯诸城市之母”……

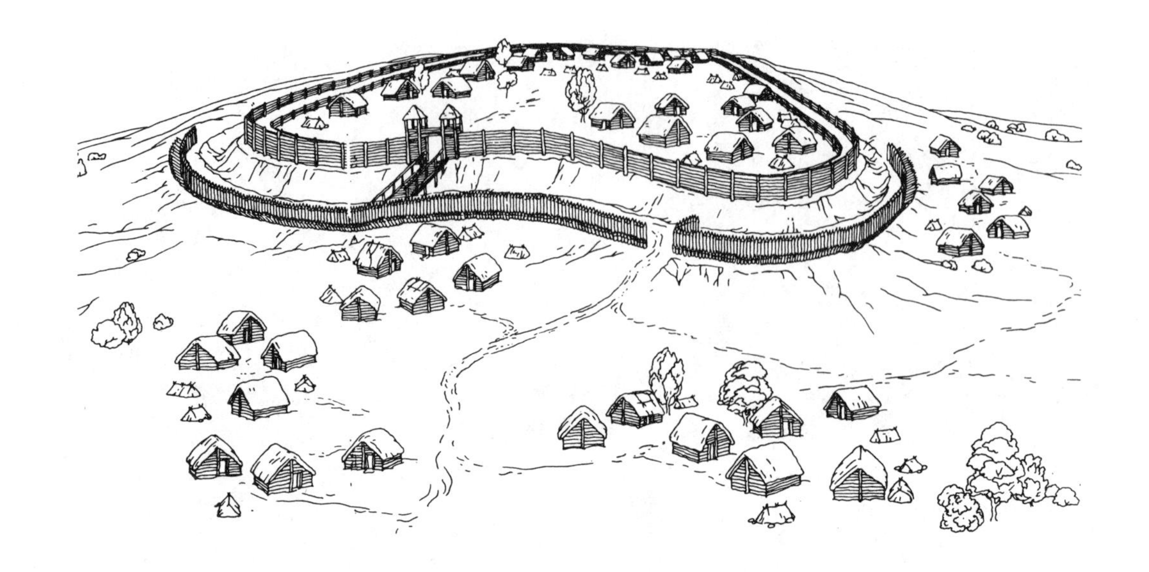

斯拉夫人在世界上找到了古希腊和古罗马的文化。

日耳曼人毁坏了罗马。而斯拉夫人变成了什么人呢？是拜占庭的敌人，还是拜占庭的保卫者？是古代文化的破坏者，还是古代文化的继承者？

天平摆动了很久——从敌摆向友，从友摆向敌。

斯拉夫人是很厉害的力量，希腊人知道这一点。

罗斯的公爵们曾经不止一次率领大军侵入东罗马帝国的边境。奥列格[1]曾经带领十一个部落去攻打君士坦丁堡。伊戈尔[2]的舰队有一万只船。斯维亚托斯拉夫[3]有六万名战士。

拜占庭的编年史作者列奥·第阿孔纳斯写罗斯人的事情，一会儿叫他们是西徐亚人，一会儿又叫他们是罗斯人：

“据说，托罗斯[4]的西徐亚人从来不向敌军投降，那个民族刚毅到了极点，他们勇敢、有力。”他又补充说，在打死的西徐亚战士中间，不止一次发现过英勇战死的妇女。

皇帝约翰·齐米斯赫曾经恫吓斯维亚托斯拉夫大公，说要派遣全部的罗马大军去

[1] 奥列格（？—912），基辅罗斯大公，公元882年建成基辅罗斯，907年远征君士坦丁堡。

[2] 伊戈尔（约877—945），基辅罗斯大公，公元941、944年两次进攻东罗马。

[3] 斯维亚托斯拉夫（？—972），伊戈尔的儿子，曾经击败伏尔加河上的哈查尔人，征服了北高加索，又打败保加利亚，扩张领土到多瑙河口。后来被拜占庭打败，订立和约，放弃保加利亚。

[4] 托罗斯山在小亚细亚南部今土耳其境内。

攻打他。斯维亚托斯拉夫回答说："请他不必费心跑到我们的土地上来吧。不久以后，我们就要把帐幕张在拜占庭的城门前面，我们将用坚固的障壁把城围住。假使他——罗马皇帝——决心打仗的话，我们就勇敢地出去迎接他。"

在某一次战斗中，罗斯军队被敌军包围了。许多人劝告斯维亚托斯拉夫大公退却，但是斯维亚托斯拉夫说：

> 假使我们现在不体面地败给罗马人，那么，以前毫不费力战胜邻近的民族、不用流血征服整个国家的罗斯人的武器的伴侣——荣誉就将丧失了。因此，用我们祖先的勇敢精神，怀着罗斯的力量直到如今是无敌的信念，为了我们的生命而刚毅勇敢地战斗吧。我们没有为了保全性命而逃回国的习惯——我们只有作为战胜者而生存，或者在完成了赫赫的业绩之后光荣地死去。

拜占庭的历史学家按照普鲁塔克笔下的英雄的式样，把斯维亚托斯拉夫描写成有口才的雄辩家。

俄罗斯的编年史作者则比较简单地叙述这同一件事情。斯维亚托斯拉夫像父亲对孩子们讲话般对战士们说：

> 我们不会辱没罗斯土地的，我们将化为白骨躺下，因为死不是可耻的，但是假如我们溃逃，那就可耻了。

> 我们不溃逃，我们要坚强。我将走在你们的前面。

两个不同的故事，但是它们所描绘的却是同一个形象。

皇帝齐米斯赫愿意和斯维亚托斯拉夫讲和。他知道，罗斯人是很厉害的力量。拜占庭的人还没有忘记奥列格。当奥列格从海上和陆上逼近君士坦丁堡的时候，拜占庭人急忙和他缔结了和约。所有的外国商人都向帝国国库缴纳很重的税，罗斯人却被准许免税运来自己的货物。

奥列格宽恕了拜占庭。拜占庭人好不容易才把伊戈尔和斯维亚托斯拉夫打退了。但是谁能保证斯维亚托斯拉夫不卷土重来呢？他自己说过：“我将到罗斯去调来更多的亲兵。”

齐米斯赫怀着这种念头走向多瑙河边，斯维亚托斯拉夫在那里等待他。皇帝穿着金的甲胄，他后面跟着随从们，都穿着光闪闪的武装。

当皇帝骑着装饰华丽的骏马走近会面地点的时候，船正在把斯维亚托斯拉夫载向岸边。

于是他们相遇了。斯维亚托斯拉夫不想登岸，他继续坐在船里的长凳子上，让别人去亲皇帝的脚。

拜占庭的大臣们好奇地瞧看罗斯大公。他不是穿着金的甲胄，而是穿着一件洁白的衣服——就和他的桡夫和战士们一样简朴。只是在他的耳朵上，闪烁着一只镶着两颗珍珠、中间有一粒红宝石的金耳环。他宽肩膀，蓝眼睛，长胡须，刮光的头上有长额发。

他的样子很严厉，也很阴郁。

拜占庭的人看了他，就想起描写他的傲慢、膂力和勇敢的故事来。

热情、勇敢、有进取心的他，广阔地扩大了基辅国家的境界。人们在沿伏尔加河的哈查尔族的堡垒墙下，在高加索山麓，在维亚特卡[1]的森林里，在寒冷的卡马河[2]上，在巴尔干的斜坡上，都看见过他。他不知疲倦地行军；他把马鞍枕在头下面，在露天睡觉。当人们没有想着他的时候，他突然出现了。但是他没有偷袭过敌人。他总是像个真正的骑士一样地警告敌人，“我想进攻你们”，而他永远是个战胜者。

拜占庭的历史学家讲道：

他坐在船里的长凳子上，跟皇帝谈了一些关于讲和的事情后，就乘船回去了。

[1] 维亚特卡河在俄罗斯东欧平原上，左岸有维亚特卡城，1934年以后改名基洛夫城。

[2] 卡马河是伏尔加河左岸最大的支流。

斯维亚托斯拉夫的桡夫们齐心协力地击起了水花。皇帝用金的踢马刺触了触马……

就这样，在一千年前，两个世界相遇了：还唤作罗马帝国的旧世界和不久前才命名为“俄罗斯”的新世界。

这两个世界相遇已经不止一次，从战争转变作友好，又从友好转变作战争。俄罗斯人和拜占庭人已经不止一次地发誓，只要太阳还照耀着、世界还存在着，就要遵守和约。

“谁破坏了友好，神就不帮助他们，电神彼龙也不帮助他们，他们将不能用自己的盾牌保卫自己，将被自己的剑刺死，将在今世和来世都做奴隶。”俄罗斯人把武器从自己身上取下来，放在地上，放在电神彼龙的脚前，拜占庭人则吻着十字架。

但是对于拜占庭人来说，誓约算不了什么，他们不怕破坏它。这一次也是这样。

就在斯维亚托斯拉夫返回基辅的时候，草原上的游牧民族——佩彻涅格人[1]已经在第聂伯河的险滩附近等待他了。这时候，只有很小的一队亲兵跟着他。他叫军队从另外一条路回去。

草原上的骑兵队呐喊着，呼啸着，猛扑俄罗斯人。俄罗斯人勇敢地应战，但是敌人多得数不清。

是谁告诉了佩彻涅格人，斯维亚托斯拉夫要经过草原，走向险滩呢？大概是拜

[1] 佩彻涅格人是突厥族的一支，屡次侵犯古代基辅罗斯。

占庭人。他们从前就喜欢利用每一个机会，来挑拨佩彻涅格人袭击俄罗斯人。皇帝齐米斯赫并没有告诉俄罗斯人说：“我要攻打你们。”他却借了别人的手，阴险地杀死了俄罗斯大公。不知道他把斯维亚托斯拉夫的头颅悬赏了多少磅黄金。拜占庭人是有这样一个习惯的：不在公开的战斗中杀人，而派遣雇用的刺客去杀人。

而这个世界仍继续存在着。太阳也继续在世界的上空照耀着……

但是拜占庭和俄罗斯到底不能不彼此帮助。

当敌人欺压拜占庭的时候，拜占庭曾经向俄罗斯的大公们求救。大公们也给他们派遣过救兵。

俄罗斯人曾经用血肉保卫拜占庭，抵挡那些拜占庭非常惧怕的佩彻涅格人。

拜占庭需要俄罗斯的黑貂皮和貂鼠皮、俄罗斯的面粉和蜂蜜、制造教堂里的蜡烛用的俄罗斯蜡。

而俄罗斯的大公和贵族们需要拜占庭的织物、黄金、酒、水果。

自古以来，希腊人就知道俄罗斯国土，俄罗斯人也知道希腊人。

俄罗斯人的祖先西徐亚人在离希腊殖民地不远的克里木就有自己的城市。这些

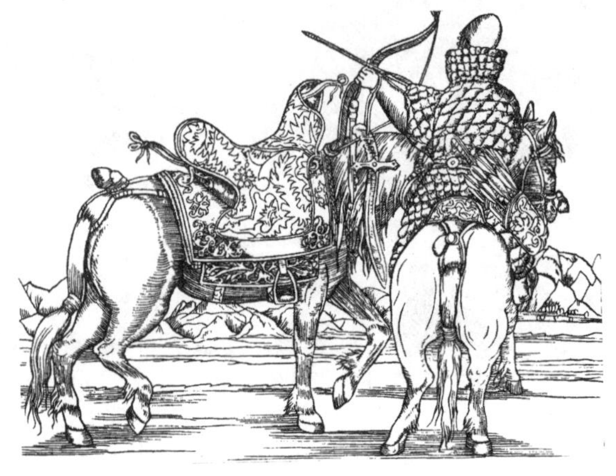

城市中首要的城市叫尼阿波里斯。

在西徐亚人的城市里，保卫城市抵御敌人的高大石头城墙常使异国人惊愕。

在希腊的殖民地里从来没有过这种厚城墙。在西徐亚皇帝们的宫殿和陵庙里，墙壁由熟练的画家绘满了壁画。在这里，可以从画上看到马上的战争，可以看到用长矛刺野猪的猎人，还可以看到把竖琴放在膝上的长胡子的歌手。在岩石凿成的地窖里，保存着大量的存粮，城市用它来跟邻人——希腊人做生意。谷子从希腊的殖民地，从奥里维亚和赫尔松[1]持续向希腊运去。

宽阔的海路把西徐亚和希腊连接起来。

希腊人沿着这条路到北方——到西徐亚人和俄罗斯人那里去。

再后来，俄罗斯人也开始越来越经常地到希腊人的首都去了……

[1] 奥里维亚和赫尔松都是黑海沿岸城市。赫尔松现属乌克兰，距第聂伯河口二十五千米，海轮可以直达港口。赫尔松也作刻松。

乘船周游世界

每年冬天，俄罗斯人在山丘上砍槲树，用槲树凿成独木舟，春天一到，就把独木舟放入附近的河湾。独木舟随着春水流向第聂伯河和基辅。在那里，人们把它们拖上岸，加以修饰，安上桨架。

大车载着粮食，载着蜡，载着黑貂皮和貂鼠皮，沿着波利切瓦山道，驶向第聂伯河。满装货物的船由岸边解缆，鱼贯地驶向第聂伯河的中游。船成群结队地航行——那个时候，单独航行是很危险的……

船接近险滩了。那里的浪涛喧嚣着，在尖锐的石头周围翻起浪花。第一处险滩就有个可怕的名字叫“别睡觉！”。商人们常常祈求有名的第聂伯河，请它送他们驶过石山，请它像爱抚浪涛上的海鸥和波涟上的鸭子一样爱抚小船。

在险滩那里，商人们往往把船拖上岸，在地上拉着或者在肩上掮着过去。

这个地方真是可怕得很！人的枯骨在野草间发白。凶恶的强盗——佩彻涅格人常常埋伏在这里，伺候来往的过客。他们呼啸呐喊，从四面八方袭来……

等到险滩已经被抛在后面，船又重新在第聂伯河上飞驶的时候，旅人们心里别提多高兴了。

在海口的一座小岛上，生长着一株巨大的槲树。商人们把箭刺入树身周围，供奉上公鸡和母鸡。他们向树谢恩：是它载了他们在浪涛间飞驶——小船是用槲树干凿成的。在航海之前，商人们给船装上桅杆，张上船帆。

大海在他们前面咆哮，海风把白色的波涛驱向岸边。商人们向各种风——风神斯特里波格的孙子们——祈祷，请它们用翅膀送小船在蔚蓝的大海上航行……

小船沿着海岸向前航行，佩彻涅格人却在陆地上追踪着小船。他们也向他们的诸神祈祷，让风暴把俄罗斯的独木舟冲到岸上……

从前有过一个时期，俄罗斯人的祖先们还没有去过海边，他们除了故乡的江河之外，并不知道别的江河。

俄罗斯语言保存了关于这个时期的记忆。“多瑙”“顿”“第聂伯”“顿涅茨”“德维纳”这几个词彼此相像，并不是偶然的。它们都是在人们把当地的河简单地唤作“河”的那个时期产生的。

在《伊戈尔兵团战士歌》[1] 里，雅罗斯拉夫在普提夫耳的城墙上哭诉：

---

[1] 这里所说的伊戈尔指北诺夫哥罗德公爵斯维亚托斯拉维奇·伊戈尔（1152—1202），1185 年曾出征波洛伏齐人，《战士歌》所叙述的就是这次出征。后面第四章还要专门谈到它。

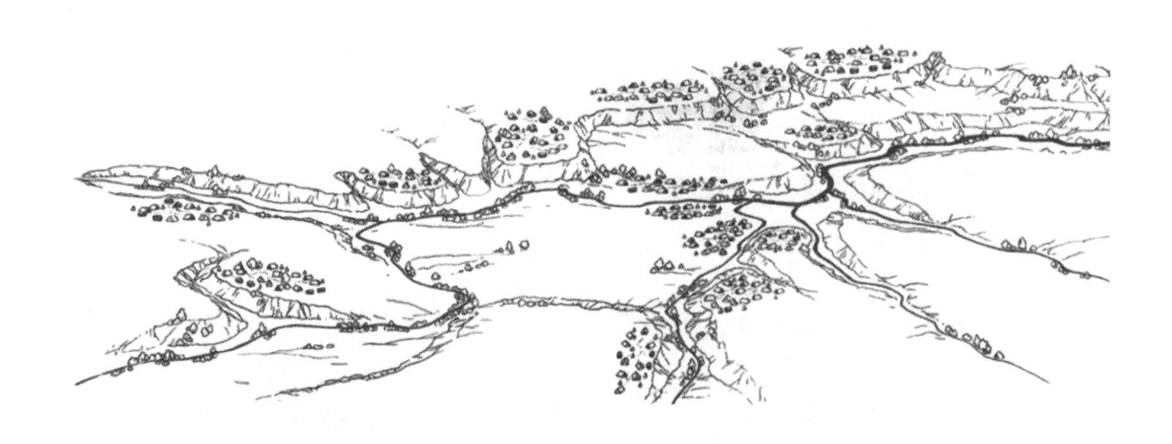

在多瑙上听得见雅罗斯拉夫的声音……

但是普提夫耳离多瑙河有几百俄里远呢，它位于谢伊姆河[1]上。这支歌把谢伊姆叫作多瑙，因为从前“多瑙”这个词就是“河”的意思。

如今在奥塞特族的语言里，“顿”这个词还是“河”的意思，因为他们的祖先——萨尔马特人——是从顿河边来到高加索的。

人们原来住在自己的河边上，住在狭窄的小世界里。但是河流教会他们走路。它在自己的水流上爱抚着独木舟。它把人越带越远。人逐渐得知了关于别的地方的人和别的种族的事情。当他们顺流而下走到河口的时候，他们发现了海。当他们逆流而上走到水源的时候，在森林间又发现了别的江河的源头。

摇摇摆摆的小船变成了强有力的民族的摇篮。第聂伯河像棵槲树似的把它的枝丫伸向西面，伸向北面，伸向东面。

编年史的作者说，从第聂伯河可以走到所有的国家、所有的

[1] 谢伊姆河流经今俄罗斯联邦的库尔斯克州和乌克兰境内。普提夫耳是谢伊姆河沿岸城市，在今乌克兰境内。

民族那里。

假使向上游航行，就可以走到茂盛的“奥科夫斯基”森林，第聂伯河、德维纳河和伏尔加河都从那里流出来。沿着洛瓦特河，能走向伊尔门湖。从伊尔门湖，沿着沃尔霍夫可以走到拉多加湖——到涅瓦的大湖，从那里，沿着宽阔的涅瓦河，可以走到瓦里亚海，就是现今的波罗的海。从波罗的海，可以走到罗马，从罗马，经由别的海可以走到君士坦丁堡，从君士坦丁堡，经由俄罗斯的海——黑海和第聂伯河，可以回到基辅。

编年史的作者就是这样描绘周游世界——周游俄罗斯人所知道的那个世界的航行路线的。

世界在他们看来已经扩得很宽了。他们想象中的世界已经不只有一条河，而是有一条广大的水路，由河、湖和海所组成的蓝色的项链。

俄罗斯的独木舟和瓦里亚的船头向上弯成龙头似的船，沿着这条路上下往返——从瓦里亚到希腊，再转回去。它们载运征收贡税的大公们，也载运商人们，大公们把皮货和蜂蜜发卖给商人们，换取海外的货物。

小船沿着黑海——俄罗斯的海的西岸航行了许多天。现在他们期望了很久的君士坦丁堡的城墙和半圆形的圣索菲亚大教堂屋顶已经在他们面前了。

客人们上了岸。但是君士坦丁堡的官吏们不允许他们立刻进城。君士坦丁堡的官吏们记下来客的姓名，检查他们随身有没有带武器。

只有等检查完了之后，巨大的城门才打开来，放来客们进城去，并且不是一下子就把所有的客人都放进去，而是一次放五十个人。

俄罗斯人并不生气，因为惯例如此。当外国人到诺夫哥罗德去的时候，他们自

己也是这样对待外国人的。

客人们没法埋怨主人。按照协约，他们有权去尽量领取面包、葡萄酒和肉，也能够在希腊的浴室里洗澡和洗蒸汽浴，“无论他们愿意洗多少次”。当他们回去的时候，由国库发给他们用品和船具——锚、帆和绳索等。

和主人告别之后，商人们带着贵重的货物——黄金和锦缎、珍奇的水果和葡萄酒——启程回去。他们将长久地回忆并且在自己家里讲述关于华丽的君士坦丁堡、关于祭司们用金线织成的衣服和关于皇宫的奇妙事物。皇宫里面的宝座旁立着金狮子，这些狮子会自己张开大口，摇摆尾巴。

俄罗斯教化的开端

关于君士坦丁堡的宫殿和庙宇的谈论传遍了全世界。

但是基辅也有可以夸口的事物。

基辅大公们宅邸的墙壁上，能工巧匠们绘满了图画，门框是用大理石雕成的，炉子外面贴着涂了釉彩的砖。

需要有多大的技巧和学识，才能制造出涂着釉彩的砖来！要会配制出釉料，再用铅着成银色，用铜着成绿色。还须把黏土砖片烧到连铁都要熔化的温度。烧红的砖片还须涂上釉彩，涂的时候，得注意不要使釉彩过热，不要使釉彩变色。然后慢慢地、小心地减小火头：假使一下子就冷下来，整个釉上就要布满裂纹了。

烧这种砖用的炉子也得是特制的，坩埚得用不怕高温的黏土来制造，鼓风的皮囊也得用耐火的管子。

一千年以后，人们在基辅的地底下发掘出这样一个作坊。他们会仔细研究坩埚的碎片、上面有一滴凝固了的铅的砖和搭炉子的砖垛。他们会惊奇地谈论，在那么远的年代，在俄罗斯就有了那样的能工巧匠，而且这些工匠又是那样了解金属和釉料的性质。大自然的书已经展开在他们眼前，虽然那时候他们也许还不会阅读用笔写的书。

其实这样的书在距今一千年前在基辅就已经有了。

斯拉夫人很早就会书写文字了。在奥列格时代，俄罗斯人就有给自己的孩子们留下遗书的。伊戈尔就曾经派遣使节带着国书到拜占庭去过。

读写是从俄罗斯的邻人——西斯拉夫人和南斯拉夫人，从摩拉维亚[1]、捷克和保加利亚传到俄罗斯人那里去的。

[1] 摩拉维亚在今捷克东部。

俄罗斯人曾经用什么样的文字来写字呢？

据说，古时候，斯拉夫人曾经写出“线道和刻纹”——在木板上和石板上刻了些线道和文字。

后来——大概已经是用羊皮纸了——开始用希腊的字母拼写俄罗斯文。

但是糟糕得很，希腊的字母不够用来表达俄罗斯语言中的某几种发音。那些起草跟别国订的条约的大公们的文书，或是在债券上签字的商人，当不得不写带字母“Ц”“Ш”“Щ”等的字的时候，就不知道怎样办才好。

俄罗斯语言需要俄罗斯字母。

在公元九世纪的时候，希腊的萨洛尼卡城里住着一位精通俄罗斯语言的有学问的僧侣基立尔。有一次，他到黑海岸上的刻松城逗留了一段时期。在那儿，他在一个俄罗斯人那里看见了用俄罗斯文字写的福音和诗篇。

我们从基立尔的经历得知这件事情，但是直到如今我们还不知道，这是

一种什么样的文字。

基立尔想出了另外一组字母来代替它们。

他被委托为斯拉夫人翻译教会的书籍。摩拉维亚人老早就要求过希腊人干这件事。

基立尔觉得写他所写惯了的希腊字母比较容易，于是他就替斯拉夫人造了一组新的字母，其中大部分字母采自希腊字母。字母“Ш”和“Ц”采自犹太文，有的字母是他自己想出来的：他把“Т”字写在“Ш”的下面——就变成了“Щ”；他取了“Б”字，去掉了上面的一小横——就变成了“Ь”。全组俄罗斯字母就是从这种“基立尔字母”基础上产生的。

“基立尔字母”和教会的那些书籍，和新的宗教一同来到了基辅。

起初，这个新的宗教是和旧的宗教并存的。还早在奥列格的时期，在基辅就建立了第一所教堂——圣尼古拉教堂。督教徒们在教堂里祈祷，信仰旧宗教的人们和从前一样地向他们的偶像礼拜。商人们要求“畜牧”神沃罗斯多给他们一些金钱和银钱。沃罗斯既掌管家畜，也掌管黄金——在金属铸的钱币还没有问世的时候，家畜就是钱。战士们在祈求电神彼龙让他们取得胜利。沃罗斯的偶像立在市场上，立在山麓上。有银头金须的木制彼龙立在上面，立在山顶上，立在大公宅邸的庭院里。

但是现在人们把偶像拖到河边扔进

河里了。新宗教战胜了旧宗教。

俄罗斯的大公弗拉基米尔·斯维亚托斯拉维奇[1]受了洗礼，跟诞生在君士坦丁堡王宫里的“王家血统”的安娜公主结了婚。

俄罗斯国需要新的宗教。

它巩固了基辅大公们的权势，更牢固地把所有的俄罗斯部落团结在基辅周围。

住在普斯科夫、诺夫哥罗德和加里支土地上的人们都曾经说：“语言把他们引导到了基辅。”

如今，波里亚涅人、德列夫里亚涅人、克里维奇人、拉基米奇人都更清楚地感觉到，他们全是属于同一民族的，他们不是多神教徒，不像佩彻涅格人那样是“不洁净的人”，他们是受过洗礼的人了。人们长期把罗斯唤作奉正教的罗斯，把俄罗斯的农夫唤作“基督教徒”[2]，并不是无缘无故的。

这是从狭窄的种族的小世界通向广阔的民族的大世界的一条路。从那里还展开了通向别的民族、通向全球人类的道路。

如今俄罗斯人和拜占庭人已经不再需要向不同的神宣誓：他们现在信仰同一种宗教了。他们彼此比较容易谈得拢，也比较容易了解。

再过若干年，新的宗教将把整个基督教世界的大门、整个欧洲的大门在俄罗斯人面前

---

[1] 弗拉基米尔（？—1015），斯维亚托斯拉夫的儿子。斯维亚托斯拉夫死后，三个儿子发生内讧，后来弗拉基米尔击败了他的兄弟，做了基辅罗斯大公，公元978—1015年在位。

[2] 俄语里农夫是 Крестьянин，基督教徒是 христианин，读音近似。

敞开。基辅大公们将把自己的女儿嫁给外国的国主和王子们。弗拉基米尔大公的孙女将做法兰西的女王，用斯拉夫的字母“Ана ръина”在拉丁文的国书上签字，“Ана ръина”的意思就是“Анна регина”——女王。他的另外一个孙女伊丽莎白将做挪威国主勇敢的加拉尔德的妻子……

在基辅，能工巧匠们在建造第一所石头教堂。

人们从四面八方把建筑材料运来：从克里木运去玉石，从拜占庭运去大理石，从喀尔巴阡山运去片岩。

戴着一条用窗子组成的项圈的匀称的圆脖子一天天从教堂的宽肩上升高起来。脖子上安放上头，就完成了整个石头身体。在上面什么地方，在细木杆搭的架子上，石匠和抹灰匠在干着活。人们不敢从下面瞧他们：万一架子突然断了怎么办呢?

头装在脖子上了。它真像人的圆的囟脑门儿：难怪建筑师把它唤成“额”。

在这个圆屋顶的周围，另外一些圆屋顶也已经在逐渐升起。

教堂里的地面是用五颜六色的大理石板铺成的，墙上和穹隆上有用各种颜色的石子镶嵌成的圣像。

看到了不用木头而用砖头砌成的教堂，基辅人对于建筑师们有这样高明的技术，都觉得非常惊奇。现在在基辅，也和在君士坦丁堡一样，有石头造的教堂了。

外来的希腊人也惊讶地瞧看基辅的结沙秦那亚教堂。它完全不像他们君士坦丁堡的“索菲亚”。在那里，教堂的肩膀上安放着一个巨大的圆屋顶。这里却是由二十四个比较小的圆屋顶环绕着大圆屋顶。教堂像座用圆屋顶组成的金字塔一样耸入云霄。

为了了解这个头儿多、屋顶多的教堂的来历，希腊的来客们应该到诺夫哥罗德去一趟。诺夫哥罗德自古以来就以它的建筑师出名。人们把诺夫哥罗德人唤作木匠不是没有道理的。他们也在自己家乡盖教堂，但是不用砖头，而是按照古代俄罗斯

的方法——用槲树干来建造。

自古以来，俄罗斯的木匠们就已经熟练地在森林里砍伐上百年的槲树和松树了。木匠们不用锯子，不用锤子，也不用钉子，只用一柄斧子砍下木头来盖农舍和大宅。在他们的手里，斧子是万能的工具。要把圆木锯成均匀的、平直的木板是多么不容易啊！可是俄罗斯的木匠们竟不用锯子，就设法把圆木劈成了木板。他们用斧子削一个楔，把楔钉入圆木，圆木就裂开成工匠所需要的那种样子。用斧子把圆木结合成框，用框搭成屋架，用斧子把叉梁嵌入上面的木框。

他们把房子盖得很坚固、很耐久，使它能抵御冬天的霜雪和严寒，抵御夏天的暴雨、秋天的风和春天的大水。

为了不让雪压坏屋顶，他们把它做成坡形的，有两个斜面：使雪不能积存在它上面，而像从山上滚下来那样从屋顶上滚下来。

为了不让风卷走屋顶，他们把它安装在坚固的人字梁上，人字梁又用栋梁来联结在一起。

为了不让大水淹没房屋，他们不直接把它建在地上，而是建在地下室上。他们把上面的顶层唤作“天堂”。在台阶上开了个门洞通到顶层去。

为了不让寒气闯到房里做不速之客，他们迫使它待在门廊里。他们把墙造得很厚，把窗子做得很小。

像这样，当木匠们建造房子的时候，他们经常和凛冽的大自然做斗争。

斧子不只是工具，也是斗争的武器。

如今，木匠们需要解决一个新的课题：不是造大宅子而是造教堂。

他们从希腊的工匠那里得知，教堂里应该有祭坛，应该有圆屋顶。

但是诺夫哥罗德的木匠们最终按照自己的意思解决了这个课题。

他们建造了有三十个尖顶的教堂——就像他们建造惯了的有许多尖顶的大公邸宅那样。

他们把教堂高高地抬了起来，放在地下室上。希腊庙宇的门堂变成了俄罗斯式样的门廊，圆屋顶变成了尖端的木头顶。

在俄罗斯的城市里，用木头和用石头造的教堂一所跟着一所竖立起来了。

每一所教堂有它自己的基本的俄罗斯风格，也有异国的——拜占庭风格。

但是拜占庭的教堂也不是没有来历的：它们是从希腊的审判厅和罗马的潘提翁神殿——万神庙[1]传下来的。审判厅里希腊的法官们从前就席的半圆形台，在基督教堂里变成了祭坛。在希腊审判厅的顶上却加上了罗马潘提翁神殿的圆屋顶。

于是，在基辅和诺夫哥罗德，希腊的审判厅、罗马的潘提翁神殿和俄罗斯大公的邸宅结合成了一个整

[1] 潘提翁神殿又名万神庙，建于公元120—124年，平面圆形，上覆半球形圆屋顶。

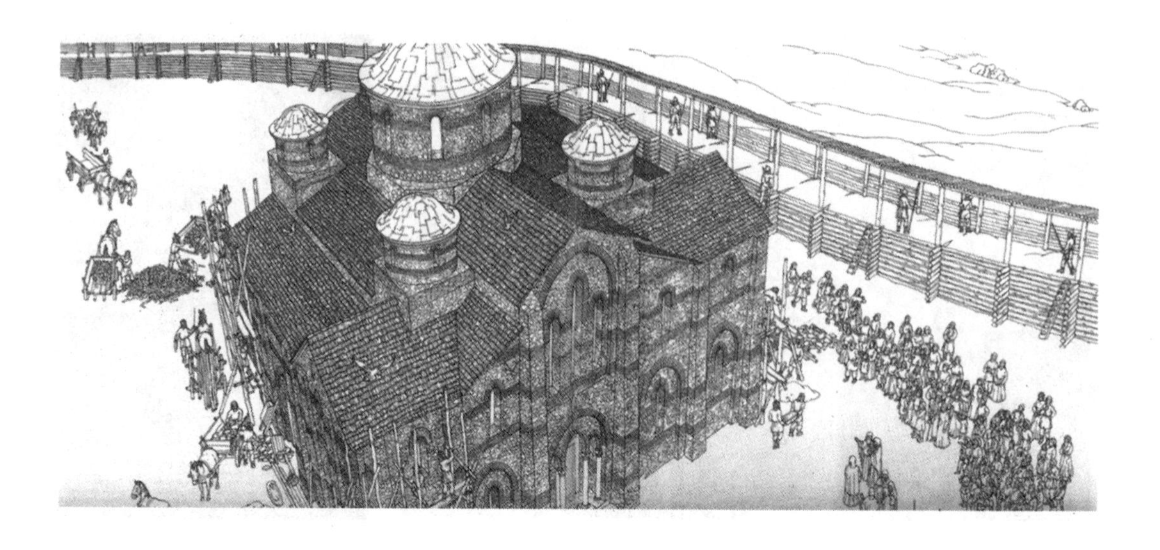

体——有许多尖顶的俄罗斯式教堂……

基辅的结沙秦那亚教堂造好了。

大公把所有城市里的波雅尔[1]和市长、耆老和无数市民都召集了去。那次在基辅是个大节日。光是蜂蜜一项就熬了三百普罗瓦尔。教堂里做着礼拜。

从洞开着的大门里传出拉长了的、凄凉的歌声——好像教堂自己在歌唱。

外面是白昼，炙热的风从草原带来羽茅草的气味。在教堂里却是黑夜，圣像前的长明灯像星宿似的悬挂着，蜡烛的小火光在昏暗中闪烁。在它们摇晃不定的光芒中，圣徒们和天使首领们镶嵌得五颜六色的衣服一会儿发光，一会儿又暗下去。在圣母那不动的眼睛里，刹那间闪过一道有生气的光彩，之后她那没有血色的面容又重新消失在昏暗中。

活的、真正的世界离这里有多么远啊，虽然它就在旁边，就在厚厚的砖墙外面，就在又狭又深的窗洞外面！

在这里，在教堂里，连空气的气味都和外面不一样——不是绿叶的气味，不是青草的气味，也不是街上尘土的气味，而是充斥着蜡烛、圣像前长明灯的

[1] 波雅尔是俄罗斯封建时代大贵族的称号，公元十一世纪到十四世纪指大公的近侍顾问。

油烟和令人头昏的香炉烟味。从潮湿的石头墙上发出坟墓里的那种气息，合唱队在歌颂着另外一个世界，那些走进教堂门的人感觉他正站在另外一个世界的门口。

不久以前还是多神教徒的人跨进教堂，当他打开圣书的时候，一个新的、生疏的世界展开在他的面前。皮书面好像是一扇大门，扣带好像是一把锁。

这些书是从很远的地方运来的。它们已经旅行了许多世纪和许多国度，它们像旅行家似的把它们所看见和听到的讲给人们听，它们叙述关于殉教者和远方国土上的事情。人们从这里面得知了异乡的风俗习惯和宗教信仰。

那时候，书是珍奇的东西，只能在教堂里和大公的宫邸里看见它。识字的人比书还要少。大公们明白“念书”有什么好处，难怪在俄罗斯民间叙事歌谣里，弗拉基米尔大公向他的波雅尔们说：

请你们给我找一个好的新娘，
找个有用的好新娘，
脸庞要美丽，智慧须相埒，
要会读写俄罗斯文字，
又会唱教堂的圣诗，
有一个配唤作国母的人，
好把她当作陛下来尊。

编年史的作者说：

弗拉基米尔命令手下建造教堂，

把教堂造在原来竖立着偶像的地方……于是就开始在各城市建造教堂和指派僧侣，向各城市和村庄的人们施洗礼。他还派人从贵族家里把他们的孩子们接出来，送去读书。

这些孩子的母亲像号丧一样地恸哭，因为她们对于新宗教的信心还不坚定。

从前，在罗斯就有识字的人。但是如今在基辅设立了第一所俄罗斯学校，儿童在那里不仅学读写，而且还学习各种学问——“书本知识”。

俄罗斯国家需要有学问的人……

让我们翻阅一下最古的编年史。它用质朴和富于诗意的语言叙述俄罗斯国土的历史。有些事件是编年史作者自己经历的，有些事件是在老人们所讲的故事里、笔记里、民间传说里和歌谣里保留下来的。

编年史的作者赞美那些使基辅国家发展和巩固的大公们。

“金门”旁边的图书馆

每过几行就是一年。每一页就是一代。

弗拉基米尔大公已经逝世了。他的儿子雅罗斯拉夫[1]在基辅做大公。

创世以后6545年（公元1038年）。

雅罗斯拉夫建立了伟大的城，这座城有“金门”。他还建立了圣索菲亚教堂……他勤勉地读书，常常夜以继日地阅读。他召集许多文书，和他们一起把书从希腊文译成斯拉夫文，还抄写了很多份，

[1] 雅罗斯拉夫（978—1054），原是诺夫哥罗德公爵。公元1015年他父亲死后，他击败他的弟弟，占领基辅，做了基辅的大公，公元1019—1054年在位。

让忠实的人们学习它们，得以享受神的学说。雅罗斯拉夫写了许多书之后，就把它们放进他自己所创设的教堂里，并且用金银和教堂的容器把教堂装饰了起来……

像这样，在基辅，在“金门”旁边，在有许多尖屋顶的圣索菲亚教堂里，产生了第一座俄罗斯图书馆。

俄罗斯人看了书，在他们面前就像在云雾里一样，出现了他们从前听都没有听说过的遥远的国土和遥远的海。

圣徒——“神人”——亚历克赛从罗马乘船驶向“许利亚”。在叙利亚，途中遇见了骑驴的人，就和他们一同走到了以得撒[1]城。但是他的旅行并没有终止。他从以得撒走海路驶向“卡塔利亚”——加泰罗尼亚[2]。“按照神的意志，船被狂风吹走，来到了罗马……”

读者打开另外一本书，在他的面前矗立起圣地的山岳。他看见约旦河岸和芦苇丛，在芦苇丛里住着“豹”——金钱豹。旁边有从阿拉伯来的、载着小麦的“骆驼”在路上走，从河里运水到修道院去的老僧侣在赶着驴子。

书不仅把读者带到别的国土去，而且还把他们带到别的时代去。

他从叙述马其顿的亚历山大事迹的故事里得知，在希腊，人们曾经教孩子们学什么样的学问：“低沉的声音”——音乐，“星宿的规律”——天文学，“测地术”——几何学，“智慧的语言”——修辞学，“高深的学识”——哲学。

[1] 以得撒后改名为乌尔法，在今叙利亚的阿勒颇东北。

[2] 加泰罗尼亚在今西班牙东北部。

书给俄罗斯的读者们讲关于哲学家亚里士多德的事情，也讲关于奥米尔[1]歌颂特洛伊人的事情，也讲关于“德尔斐[2]的预言者”和“奥林匹斯的宙斯[3]庙”的事情，也讲关于埃及的城市孟斐斯城[4]和亚历山大里亚城，关于巴比伦和波斯，关于住有“婆罗门”的印度国土的事情。

> 亚历山大看见了许多种森林和结各种果实的美好的树木。河流围绕着整片大地。水色是淡淡的，和奶一样白，有很多枣子，在葡萄藤上挂着成千串的肥美的葡萄……

俄罗斯人惊讶地阅读了关于亚历山大去过的奇妙地方的描写，有“像狗一样叫的人”，有“长着狗头、眼睛和嘴长在胸脯上的人”，有幸福的地方，那里太阳不照耀，但是云霞在自己发光。

描写飞禽走兽的《生理学》和别的叙述自然界事情的书里的故事更加令人惊奇。在这里面，真实也和虚构混合在一起。在一张插图中，大象和狮子的旁边画着世上没有的野兽“牛象”——半牛半象的动物、“野猪象”、“骆驼豹”。这里面还有一种完全令人莫名其妙的野兽——“困齿兽”，它住在河里，能一口吞下一头大象。

随着希腊的传说，希腊哲学的断片零缣也到了俄罗斯读者面前。

在《蜜蜂》选集里，他们看到毕达哥拉斯、苏格拉底、第欧根尼、亚里士

[1] 奥米尔是希腊神话里的诗人。

[2] 德尔斐是古希腊旧都，有阿波罗庙宇，当时信徒常去祈祷，请求预示祸福。

[3] 宙斯是希腊神话里的主神。奥林匹斯山是希腊东北部的一座高山，古希腊人把它看成神山，希腊神话里的诸神都住在山顶。

[4] 孟斐斯是古埃及城市，位于今开罗附近。

多德和伊壁鸠鲁的语录。

阅读《六日集》的时候，他们得知恩培多克勒的四种元素的学说。这四种元素——火、气、水和土——创造于万物之前，万物是从它们产生出来的。还有第五种元素——就是亚里士多德所补充的那种，是天空，以太。天空“似烟般”围绕着地，从它的四面八方均匀地退却，离开。

俄罗斯人惊讶地得知，地是球形的，当我们这里是黑夜的时候，在地球的对面却是白昼。书给他们讲发生日食的原因：当月亮变成地球和太阳中间的“障碍物”的时候，就发生日食；而月食是因为“地球的遮拦”才发生的。

细心的读者在希腊僧侣乔治·阿马尔托耳的著作里发现几句话提起德谟克利特的原子，比如——“不可切割也不可分的物体”。

读者看了这些书之后，开始比较清楚地想象，世界有多大。他开始思索关于人的事情，人“在大的里面是小的，在小的里面是大的”。他得知，从前有过一些哲人把一切不是解释说出于神的命令，而是解释说出于“需要”——必然性。富和穷、健康和疾病、奴隶身份和自由、和平和战争全是从它之中来的。一切都由于必然性而发生——不论是“天上的变化或者是星的运行”。

俄罗斯人开始比较清楚地了解自己

的地方在世界上所处的位置。他们从科斯马·印第科普留斯特斯的著作里得知关于世界上的三个部分——亚细亚、欧罗巴和利比亚的事情，关于“丝国”——中国的事情，关于地球上各地的民族的事情。俄罗斯的翻译者自己增补道：“在西方有个唤作罗斯的大国。”

人类知识和经验的洪流从四面八方奔流向俄罗斯文化：从圣经和巴比伦的传说，从亚历山大里亚的故事和希腊哲学家的著作。

而年轻的、正在成长中的文化是那样强有力，它甚至于把别国的东西都改变成自己的了。

在“金门”旁边的图书馆里，俄罗斯自己的书籍变得越来越多。

在它们里面，别国的东西跟自己的东西——跟祖国的古代传说，跟谚语和神话，跟叙述勇士的民间叙事诗和叙述进军和战斗的故事混合在一起了。

在最早的编年史里和依拉里雍的布道中，在波利斯和格里伯的传记里和弗拉基米尔·摩诺马赫[1]的家训里，产生了俄罗斯文学，产生了俄罗斯的书面语言。

基辅的大主教依拉里雍——“善士、学者和斋戒者”——写了一部《教条和神恩讲话》，里面赞美“我们国家的导师和伟大的弗拉基米尔大公，老伊戈尔的孙子，有名的斯维亚托斯拉夫的儿子”……“他们过去所统治的不是恶劣的、无名的国土，而是闻名世界的俄罗斯”。

依拉里雍由衷地热爱俄罗斯国土。当他提到它的时候，火一般热情的词句脱口而出。

他向已故的弗拉基米尔大公说：

> 高贵的大丈夫啊，从你的坟墓里站起来吧。站起来，从梦里醒转来吧，因为你并没有死，你只是在睡眠，一直睡到所有的人觉醒的时候……
>
> 从梦里醒转来，睁开眼睛吧，好看见，上帝在天上授予你多大的光荣，关于你，在你的儿孙间创造了什么样的荣誉……
>
> 你看看那个富丽堂皇的城市吧，看看繁荣的教堂和不断发展的基督教，

---

[1] 弗拉基米尔·摩诺马赫（1053—1125），基辅罗斯大公，公元1113—1125年在位。他原来是诸侯，曾经击败南部草原突厥部落波洛伏齐人。公元1113年基辅人民起义，他被基辅波雅尔们拥戴做了大公。他著有自叙生平的《家训》。

看看那个用圣像供奉着的、辉煌的、洋溢着芳香油味的、响着赞美词和圣歌声的城市吧。

看见了这一切之后，欢欣喜悦吧……

光阴不停地逝去。在俄罗斯，“饱尝读书乐趣”的人一年比一年多了。

图洛夫斯基的主教基立尔写道：

蜜汁甜，糖味好，但是书本上的智慧比两者都优。

在教堂里，“储藏室里放满了书籍”。在修道院的单身僧房里，“除了圣像和书之外，什么也看不到”。每一所大公或波雅尔的屋顶室里都有“自用礼拜堂”，里面，在圣像下的经桌上放着许多书。每一所修道院里都有图书馆。有的僧侣在抄书，有的在装订。

在别切尔斯基修道院里，黑衣僧涅克托尔在著述“当代记事”。

这个“罗斯托夫地区的人”从他的僧房里看得很远。

他看见自己的整个国家，也知道怎样从基辅到瓦里亚海边去，从那里再到罗马，从罗马到君士坦丁堡，从君士坦丁堡再回到基辅。

他看见斯拉夫民族的整个大家族，他明白，这是说同一种语言和写同一种文字的一族人。

他回忆，基辅的大公们怎样千辛万苦地把俄罗斯国土从内乱中拯救了出来……

这是俄罗斯教育文化的开端。我们现在其实是站在河流的源头。它将一世纪比一世纪变得更加水量充沛，更加波澜壮阔，它将把许多优秀成就输送到全球的文化的海洋里去。

编年史作者所写的不就是这个意思吗：“我们从书里的词句汲取智慧，因为这是流过全世界的河流。”

第三章

东方的财富

在地球上，同时有白昼和黑夜、早晨和晚上。

当地球这一面上的田野和森林正在跟太阳的最后几道光芒告别的时候，在那一面上，朝霞已经在预告它的出现了。

文化的情形也是这样。

当古代文化的光芒正在意大利和拜占庭逐渐熄灭的时候，新的霞光已经在基辅和更遥远的地方——东方、阿拉伯——显露了……

很久以来，商队就络绎走过阿拉伯。商人们用骆驼的驼峰从印度载运宝石和香料，从中国载运丝织物，从位于狭窄的红海彼岸的炎热的努比亚载运象牙。

半路上，商队在圣城麦加停留下来。

阿拉伯的商人去向“黑石头”[1]礼拜。他们说，这块石头是以前从天上掉下来的。它对于所有的阿拉伯部落来说都是件圣物。在阿拉伯的沙漠里，人们靠星宿和石头指路。当星从天上掉下的时候，人们就把它当作神明了。

[1] 麦加城里克而伯古庙（中国的伊斯兰教典籍也译作“天房”）有一块黑陨石，阿拉伯人奉作神物。

朝圣者从四面八方拥向麦加。从辽远的沙漠绿洲来的农夫们到那里去。游牧民族贝都因人也赶着他们的羊群到那里去，把白色的帐幕搭在白色的城墙旁边。

农夫们一向认为那些沙漠居民是他们的仇敌。商人们也不喜欢在荒无人烟的沙漠里跟游牧民相遇。但是在圣城里，就用不着担心什么危险了。

这里的人们总是在过节。在人们过节的地方，也就有集市。

在麦加，谁也不种地，谁也不做手艺匠，这是个商人的城市。在这里既可以卖货，也可以买货，还可以向有钱人借一二百金拜占特[1]——拜占庭的金币。

普照着阳光的市场总是又嘈杂又拥挤，驴子在叫，小贩在喊。骆驼的驼峰在人群上面晃来晃去。

---

[1] 拜占特是古拜占庭帝国使用的金币名。

沿着狭窄的胡同，五颜六色的面罩、头巾和外套所组成的洪流在两道泥土的堤岸之间，即房屋的两堵墙壁之间，络绎不绝地流动着。

从外表上看来，这些没有窗子的白房子好像很不起眼。但是当客人打开简陋的小门，从黑暗的过道走进里院的时候，他就要惊愕地止步了。小院周围有一排均匀齐整的圆柱支撑着轻巧的拱廊。院子中间，喷水池把清凉的雨丝洒在大理石板上。在屋子的昏暗中，芳香的青烟从香炉里袅袅上升。这是炽热的城里的绿洲，有圆柱代替棕榈和喷水池代替井的绿洲。

圣城麦加的商人们的日子过得很阔绰，而最阔绰的是贩卖最贵重的货物——金币——的人们。

可是这些自认为幸运的人们为什么越来越忧郁了呢？为什么外地到来的客人——商人——越来越难跟主人谈起关于延期付款的事情或是关于减低债息的事情呢？

对于麦加，不景气的时候来临了。罗马的皇帝——拜占庭的皇帝们——手里有黄金，而他们的邻人——波斯人——有通往东方去的道路。

阿拉伯被落在一边，买卖越来越不好做，地中海上来往的人越来越少。自从北方的蛮族盘踞在意大利以后，印度货物的洪流就给自己选择了一条新的河床——经过波斯和拜占庭。

好像是末日来临了。曾经有过多少次，连最富有的商业城市，当商队不再路过它们的广场和街道的时候，都变得荒无人烟。城市像失去了水的田地一样逐渐荒凉起来。沙埋起那些宫殿的大理石板，只剩

下废墟保留着关于古代财富的记忆。

麦加的末日也要来临了。

什么地方可以找到生路呢?

富有的商人们还不算太苦，他们已经积蓄了不少财宝。他们把钱放给破了产的同种族的人——集市上的商人、农夫和游牧民族贝都因人——去生利，但是负债的人却苦不堪言。债务的绳结勒紧了他们的脖子，因此，他们从心底里痛恨他们的债主们——债主们放出一枚金拜占特，却要讨回去三枚。

在集市上，穷人们——小贩、脚夫和乞丐们——在发着怨言。

在供着神圣的“黑石头”的圣地的围墙那里，人们祷告得更起劲了。但是石头默不作声。在商队的货棚里，人们出神地倾听外乡的商人们所讲的故事。外国的宗教也随货物一同来到。犹太人讲着关于弥赛亚[1]的事情，基督教徒讲着关于救世主

[1] 弥赛亚是犹太人期望中的复国救主。

耶稣基督的事情。

人群里有占卜者和先知们在徘徊。在他们所说的话里，本族的和异族的宗教信仰混合在一起。他们恫吓富人和显贵们，说他们将有灾殃，他们也预言善恶报应。

在这些先知中间，有一个名叫穆罕默德[1]的人。他宣传伊斯兰教。这个新的宗教使许多信徒依归了他。

麦加的富商们反对这个违背祖辈宗教信仰的人。

在 622 年，穆罕默德不得不从麦加逃到麦地那去。伊斯兰教徒就从这一年开始他们的伊斯兰教纪元。

经过长期的斗争之后，穆罕默德终于战胜了他的反对者们。

[1] 穆罕默德（约 570— 632），伊斯兰教创立人。他在麦加号召信仰安拉是唯一的神，反对多神崇拜，遭到当地信仰多神的部落贵族、富商的反对。公元 622 年他逃往麦地那，继续传教，组织武装，建立和巩固政教合一的政权，公元 630 年征服麦加，和麦加贵族商人达成妥协。以后阿拉伯半岛各部落大多接受伊斯兰教。

麦加接受了伊斯兰教。而不久以前的敌人们——富人和穷人——打着伊斯兰教的绿色旗帜，一同出发去征服现在到东方去的商队所经过的那些国家了。

跟基督教一样，伊斯兰教也是向所有的人开门，兼收并蓄的。新宗教说是唯一的神，但是也不否定“黑石头”。它宣称穆罕默德是直接的继承者，也宣称犹太的先知和基督是继承者。它应许穷人们在天上享福，又把地上的全部财富给了富人们。

它号召人们去进行圣战，去征服世界。

于是征服世界就开始了——这一次不是从西方开始，而是从东方开始。

当阿拉伯人环顾周围的时候，他们看见了五个大帝国。

西面统治着的是罗马皇帝、“战士之王”——拜占庭皇帝。

在罗马——拜占庭——旁边伸展着“万王之王”“珍宝之王”的领土——富有的波斯国。

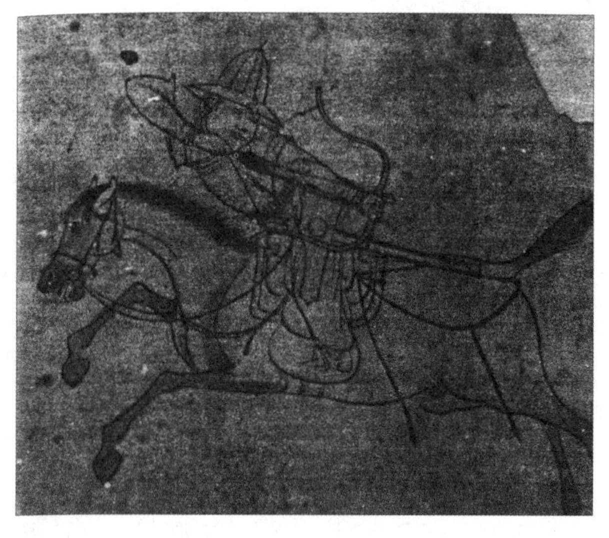

在北面，受“骏马之王”——突厥可汗[1]——统治的突厥大队骑士在草原上出没。

在东面，“万人之王”“有道治国之王”——中国的皇帝在统治着无数人民。

在南面——印度——是“万象之王”“智慧之王”。

这就是阿拉伯人从麦加所看到

[1] 可汗是古代突厥、回纥、蒙古等族最高统治者的称号。

的世界。

于是穆罕默德的继承者——哈里发[1]们——把阿拉伯许多部落联合起来，带领着他们向东、西、南、北各方向去征服世界了。

阿拉伯人征服了波斯，并且从拜占庭手里夺取了埃及。他们越走越远，征服了一个又一个国家。他们跟所有的大帝国作战——跟拜占庭作战，跟印度作战，跟突厥的游牧民作战，跟中国军队在中亚细亚边境上作战。他们在西班牙也建立和巩固了自己的统治权。而这一切，他们居然只在半个世纪里——七世纪末叶到八世纪初

[1] 哈里发是阿拉伯语 Khalifah 的音译，意思是继承者，伊斯兰教创立者穆罕默德死后相继执掌大权的和中世纪政教合一的阿拉伯国家的国家元首都叫哈里发。

叶——就完成了。

阿拉伯人在他们征服的地方到处建立兵营和堡垒。这些兵营逐渐变成了城市。

跟在军队后面的是商人。他们在地中海的岛屿上和亚历山大里亚巩固了势力，拜占庭的船主们也恐慌起来了。

阿拉伯的商队出现在世界各处的道路上。他们从亚美尼亚和格鲁吉亚载运丝织物和毛织物、地毯和皮货，赶来了马和羊。他们从里海沿岸采来了石油，用来制造那时候大炮所用的装有会燃烧的液体的投掷弹。

他们沿伏尔加河到哈查尔人和保加尔人[1]的国土去，他们走到第聂伯河上的“库雅巴”——基辅。他们从“斯拉夫亚”——诺夫哥罗德国土上载运皮货和“罗斯绸”——他们像这样称呼亚麻。人们在波罗的海岸上看见他们，也在更远的地方——哥特兰岛[2]上看见他们。

他们走到亚洲的锡兰和中国，走到非洲的苏丹。

地图将长期保留关于阿拉伯旅行家们的记忆。

“撒哈拉”是阿拉伯的词，它的意思是“旷野”；“苏丹”的意思是“黑”、尼格罗人；“爪哇”也是阿拉伯词。

---

[1] 保加尔人是古代高加索北部伏尔加流域的一个民族，曾建立保加尔国。七世纪末，一部分保加尔人迁移到巴尔干半岛，成为保加利亚人。

[2] 哥特兰岛是波罗的海里的大岛，距瑞典东南海岸八十千米，现属瑞典。

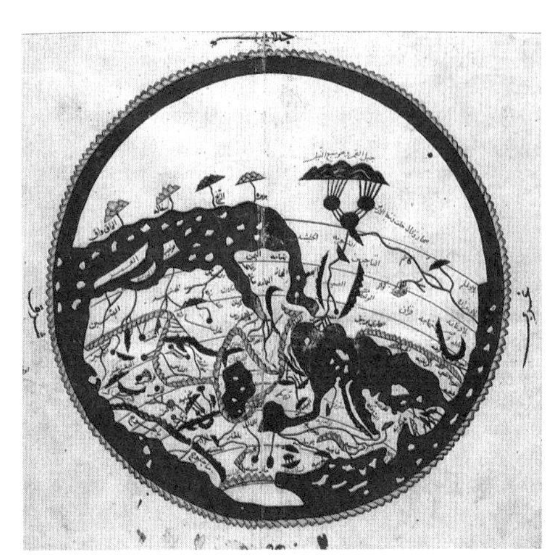

阿拉伯人所知道的世界变得比以前大了。

在这个世界的一头，是“斯拉夫亚”——诺夫哥罗德国土上埋在雪下的森林、木建城市的栅栏、大公们有许多尖屋顶的宅邸、穿皮衣戴皮帽长着浅色头发的人。

在另外一头，是热带的森林和沼泽、在水里躲避炎热的河马、用棕榈叶搭成的小屋、文身的黑色土人。

阿拉伯商人们什么交通工具不使用啊：雪地上坐雪橇，沙漠里骑骆驼，海上乘船尾翘起的船，印度丛林里骑大象！

各式各样的东西也跟人一同在地球上面旅行：丝织物，刻着穆罕默德语录的雪亮的钢刀，装着胡椒、糖、调味料的口袋。

阿拉伯的银币“第尔格姆”变成世界上的主要货币。阿拉伯的词汇掺进俄罗斯、日耳曼、法兰西和英吉利语言里。

像 караван、амбар、сарай、маяазин、тара、адмирал[1] 这些词都是跟胡椒、调味料和生姜等一同由阿拉伯商人带到欧洲的。

胡椒得经过好几个月的旅行，最后才落到英吉利贵族或日耳曼男爵的城堡里槲木桌上的胡椒罐里。

地主在世袭领地上什么都能得到：农奴们给他吃的、穿的。只是在他的领地上不长胡椒，这些辣喉咙的芳香植物生长在辽远的未知的东方国土上。

要购买它得付出极高的价钱。可是如果不用它，食物就不好吃：无论是野猪的肋肉或是用大盘子盛了端上桌来的整只烤鹅，都好像淡而无味。

何况医师们说，胡椒对于健康是有益的。

胡椒是怎样旅行的呢？

它从印度渡海到阿拉伯岸边。从那里，它载在朝圣者的骆驼背上到了麦加。到先知的墓旁去一下是件神圣的事情，但是如果同时在想赚钱的事也不能算罪过，朝圣者同时是商人。麦加在这些年里变得更富，更加人烟稠密了。现在在这里，可以看见从世界各地来的商人、各种肤色的人。

胡椒从麦加向西行，走到只有一衣带水把亚洲和欧洲隔开的地方去。在博斯普鲁斯沿岸，在君士坦丁堡，印度的货物落入新的主人——皇帝的手里。他的宫廷是世界上最华丽的宫廷。在拜占庭庙宇里，圣障[2]闪烁着金光，圣像

[1] 这几个俄文词的意思依次是商队、仓库、板棚、商店、包装箱、海军将领。

[2] 圣障也叫圣壁，是隔离神龛和正殿的障壁。

前的金制长明灯灯光被各种宝石反射着。

这也并不奇怪：皇帝是世界上最富有的商人。在皇帝的仓库里储存着大量的谷物、丝绸、葡萄酒、橄榄油、东方的调味香料。而胡椒在这里占的地位也不算最低。

东方的货物从这里继续向前走，经过水路和陆路，越过丘冈和平原，走到马赛和圣但尼[1]，走到莱茵河上和佛兰德斯[2]。

[1] 圣但尼是印度洋西部留尼汪岛北岸的港口。

[2] 佛兰德斯是欧洲旧地名，相当于现在的荷兰、比利时和法国一带。

哈里发的宫殿和书铺

在长长的世界名城的名单中，出现了一个新的名字：巴格达。

谁没有看过《一千零一夜》[1]呢？谁没有听说过关于哈里发的宫殿的事情呢？

那里有刻着图案的圆柱和轻巧的拱门，好像沙漠里的蜃景。那里，艺术家的手消除了石头的呆滞的性质和重量。那里，喷水池的水落在白色的碗里，观者都不能立刻分辨出是不是水停着不动而大理石在流动。那儿没有图画，也没有雕像：它们是伊斯兰教所禁止的。但是所有的墙壁、所有的屋顶都像是塑出来的毯子，那上面，

[1]《一千零一夜》是阿拉伯著名民间故事集，旧译《天方夜谭》。

采自《古兰经》[1]的箴言和奇妙的图案交织在一起。这些阿拉伯的文字跟阿拉伯风格的图案一样精巧。在它们的旁边，阿拉伯的图饰好像是还没有解出的语言的文字。

箴言说些什么呢？它们赞美安拉[2]和穆罕默德，它们赞美哈里发们的宫殿：它比任何人类的住屋都要漂亮。

世界上有没有比这座宫殿更奇妙的东西呢？

请走出宫殿，在巴格达的街道上找到书商那第姆的书铺。

在店堂深处，在一堆堆躺在地板上的书籍中间，你很难看见那位主人。

[1]《古兰经》也译作《可兰经》，是伊斯兰教的经典。

[2] 安拉是阿拉伯语 Allāh 的音译，我国通用汉语的穆斯林称安拉为“真主”。伊斯兰教相信安拉是创造宇宙万物的唯一主宰。

从外表看来，这里什么财富也没有。这些书不是用贵重的羊皮纸或埃及纸莎草纸制成的，而是用中国人发明的廉价的纸制成的。

这里有许多纸，也有许多灰尘。但是无论怎样，这里的奇迹比哈里发的宫殿里多。

主人殷勤地问你需要什么书，他请你翻阅一下“非赫里斯特”——他所编的目录。这是用阿拉伯文印的长长的一个书单子，这里有波斯的诗，有希腊哲学家们的著作，有印度人的学术论文。

你对什么感兴趣呢？印度的数学科学，还是“地理学”——叙述各个民族和国家的科学，或许是先知和帝王们的历史？

瞧，这是叙述世界历史的塔巴里[1]的巨著。这里你可以读到关于所有的民族和

[1] 塔巴里（838—923），阿拉伯历史学家，出生于波斯，著有《历代民族与帝王史》。

国家的伟人的事情：关于犹太的先知摩西[1]，关于征服者亚历山大，关于居鲁士[2]王和关于奥古斯都[3]皇帝的事情。

瞧，这是别的历史著作，它们也是同样真实和准确的。著者总是标示出，他所说的事情是从哪里得知的。在第一页上就写着："是某某人讲给我听的。他说：是某某人讲给我听的。他说：我……"往下就是以目击者的口吻叙述事件的经过。

假如你寻求智慧，这是波斯学者沙拉斯塔尼的著作。他叙述所有的宗教、

[1] 摩西是圣经故事里犹太人的古代领袖。

[2] 居鲁士（约前 600—前 529），古波斯帝国国王，公元前 558—前 529 年在位。

[3] 指古罗马执政官屋大维（前 63—14），公元前 27 年元老院给予他"奥古斯都"称号，后世因此称他奥古斯都。

所有的学说，“不嫌恶这一个，也不偏爱那一个”。

你想知道，地和天是怎样构成的。瞧，这是译成阿拉伯文的托勒密的十六卷巨著《至大论》。

在哈里发的宫殿里，你只能看到哈里发宫殿里所有的那些东西。而在书商那第姆的这个光线黑暗、满布尘埃的铺子里，你却可以找到世界上所有的一切——从遥远的星到深海的底。

这里收集了许多世纪、许多代人的智慧。这种财富比大理石和珍珠更难获得。

怪不得哈里发们说：“学者的墨水和殉教者的血同样值得尊敬。”

固然哈里发们并不总是明白，书是多么可贵。据说，哈里发奥玛尔[1]曾经在波斯找到许多书。他的军事统帅问他，拿书怎么办：是不是要把它们和别的战利品一同分给正统的教徒们？

奥玛尔答道：

> 假使这些书里所说的道理在《古兰经》里面是有的，那么，它们就没有用处。假使它们里面讲了些什么别的道理，那么，它们就是有害的。因此不论怎样，都得把它们烧掉。

---

[1] 奥玛尔（584—644），伊斯兰教第二代哈里发，公元634—644年在位，曾征服伊拉克、巴勒斯坦、波斯和埃及等地。

有人以为，这事情不是发生在波斯，而是发生在亚历山大里亚。亚历山大里亚的图书馆被烧过许多次，恺撒的军团曾经纵火焚烧过它们，经过教长提阿非罗同意的基督教徒们曾经纵火焚烧过它们。当阿拉伯人占领亚历山大里亚的时候，他们也把别人留下的东西焚烧掉了。

也许事实真是这样，但是这种时代早已过去了。如今阿拉伯人尊重科学，准许每一个人随他自己所愿去信仰，去思想。在哈里发们的城市里——在大马士革，在巴格达，在布哈拉[1]，在乌尔坚奇[2]，有学问的人们——阿拉伯人、波斯人、花剌子模人[3]和犹太人都在自由地研究大自然，自由地辩论关于世界是怎样产生和构成的问题。

光阴在逝去——九世纪，十世纪，十一世纪……

[1] 布哈拉在中亚细亚西部。

[2] 乌尔坚奇旧译玉龙杰赤，是中亚古国花剌子模的首都。

[3] 花剌子模是中亚阿姆河下游的古国，大约在公元 700 年前后被阿拉伯人征服，十一世纪到十三世纪由塞尔柱突厥统治，领土扩张到波斯、阿富汗一带。

阿拉伯的哈里发国家分裂成许多国家，但是这并不妨碍学者们继续他们的事业。他们感觉到自己是世界的公民，无论他们在哪里——在科尔多瓦[1]还是在布哈拉，在巴格达还是在乌尔坚奇。每一个王公、每一个埃米尔[2]都想把有名的学者和作家们邀请到自己的宫廷里去。学校、图书馆和观象台等的装饰比最富丽堂皇的宫殿还要好得多。甚至拜占庭的皇帝们也邀请在哈里发宫廷里享有盛名的学者们到君士坦丁堡去。

人们在遥远的中亚细亚的沙漠里，在乌尔坚奇研究星宿和阅读论宇宙的书籍。

在目前看那个时代的乌尔坚奇，只在杳无人烟的沙漠里留下高耸入云的清真寺的尖塔。在那时候，它却是一个很大很繁荣的城市，它是统治中亚细亚和伊朗的花剌子模沙赫[3]们的都城。

从这里，从花剌子模，旅行家阿尔-比鲁尼[4]出发到印度去，为了研究这个充满着神秘的地方。

他是个异邦人，他传布侵略过印度北方地区的印度的敌人们的宗教。他相信“除了唯一的神之外，再没有别的神”。而在印度，神比人还要多。他不同意崇拜偶像……而在印度，整块的山岩都变成了佛像，成百的跳舞者日夜在庙宇里围着四只手的湿婆[5]跳舞。

即使这样，印度人仍然尊敬地欢迎了阿尔-比鲁尼。婆罗门向他讲说了自己的学说，就像对待科学界的弟兄一样。

---

[1] 科尔多瓦是西班牙南部城市。

[2] 埃米尔是伊斯兰教创立者穆罕默德后裔的称号，也是穆斯林国家酋长或贵族、王公的称号。

[3] 沙赫是波斯（伊朗）国王的称号。

[4] 阿尔-比鲁尼（973—1048），伊朗数学家、天文学家、哲学家、医生，游学印度，介绍希腊文化，晚年把梵文著作译成阿拉伯文。

[5] 湿婆是梵文 Siva 的音译，意译“吉祥天”，是印度教、婆罗门教的主神之一。

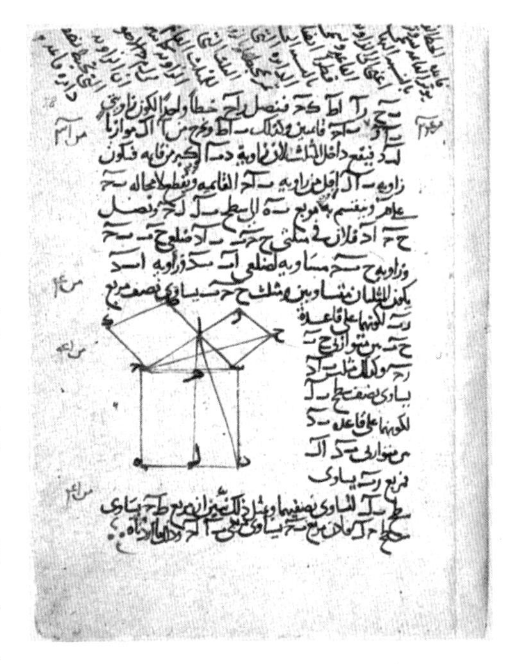

他回国后写了一本书，里面怀着敬意叙述了异国的风俗习惯和他认为奇怪的、印度的宗教和观念……

科学从西方被赶了出去，在东方却胜利进军。希腊学者们的著作从这一个纸卷抄写到那一个纸卷，从这一国语言翻译成那一国语言。

亚里士多德征服了东方，但是他不像亚历山大那样用剑征服，而是用笔征服。

托勒密的《至大论》经过叙利亚、伊朗和花剌子模，传入印度。在埃及学者伊本-阿尔-哈特海姆[1]的论文里，希腊的几何学跟印度的代数学相遇了。阿拉伯的数学家既知道希腊人阿基米德，也知道印度人阿雅巴塔。

回返老家的洪流从东方突进。印度的数字经过阿拉伯人的国土，传入欧洲。在途中，它被改变了名称，唤为阿拉伯数字。

有学问的僧侣盖尔贝特[2]是欧洲第一个开始按照印度的方法写数字、用印度的算盘计算的人。

许多发明，像指南针和纸，由中国人传给阿拉伯人，又由阿拉伯人传给欧洲人。意大利的船长们利用指南针在海上确定航路。他们把磁针穿过一根麦秸，做成一个十字，然后把这个十字放在碗里的水面上，针

[1] 伊本-阿尔-哈特海姆（约 965—1020），阿拉伯数学家、物理学家。

[2] 盖尔贝特（约 945—1003），法国的教育家、数学家，晚年任罗马教皇，称西尔维斯特二世。他的著作里讲到印度数字和算盘。

就会自己转动，指示出南和北。

意大利的誊写僧不再在羊皮纸上写字，而在从叙利亚运来的纸上写字了。

人类思想的小河和洪流，开始汇集到整个世界的科学的海洋里。

在思想传播的旅途中有多少障碍啊！这里有天然的障碍：语言、风俗和习惯观念的差别。这里也有偏见所造成的人为的障碍。

但是当思想得到勇敢的保卫者的时候，它就能像向海洋里突进的河流似的绕过所有的障碍，或者穿过它们。

于是人又重新站在伟大发现的门口了。

远在麦哲伦[1]以前，叙利亚人阿布尔-菲达[2]就论证过，绕着地球走的旅行者，应该会比日历落后或者超前一昼夜，这要看他是往哪个方向走来决定。

在哥白尼[3]以前很早的时候，塔吉克的学者阿尔-比鲁尼就已经提出，地球绕太阳公转，这并不和星表相矛盾。

为了奖赏他编著了这些表，苏丹送给他一头满载白银的大象作为礼物。但是他把礼物还给了国库：他不需要银子，他有至高的财富——知识。

另外一个叫作阿尔-哈曾[4]的学者从曙暮光[5]的界线测量了空气海洋的高度。他观察太阳怎样落到地平线后面去。瞧，它已经没入了，但是它的光还在继续照亮地

[1] 麦哲伦（约 1480—1521），葡萄牙航海家，率领探险队完成环球航行，他本人在中途被杀。

[2] 阿布尔-菲达（1273—1331），阿拉伯王子，历史学家、地理学家，生于大马士革，曾在埃及苏丹阿尔-纳昔尔部下服役，撰有《世界史》和《地理书》。

[3] 哥白尼（1473—1543），波兰的天文学家，日心说的创立人。

[4] 阿尔-哈曾（约 965—1040），阿拉伯数学家、天文学家。一说阿尔-哈曾就是伊本-阿尔-哈特海姆的拉丁化名字。

[5] 曙暮光也叫晨昏蒙影，是由地平线下的太阳照亮地面大气层反射形成的。

面上的空气。

阿尔-哈曾手里拿着沙钟[1]来测量时间，用天文学仪器来确定太阳的路径。经过长久的计算之后，他发现，曙暮光的界线有五万二千步远。这与现代的科学家所计算出来的高度相差无几。

[1] 沙钟就是沙漏。

当一些人在测量空气海洋的深度和确定行星路径的时候，另外一些人正在小世界里游历。

他们熟知亚里士多德。他们读过亚历山大里亚的学者们的著作。他们知道，世界上所有的东西都是从这一种变成那一种的。既然这样，是不是可以把铜变成黄金呢？在地心里，黄金要经过许多世纪才生出来，人的技术难道不能迫使它在几小时之内产生出来吗？

阿拉伯的炼金术士在亚历山大里亚学者们的纸莎草纸文卷里寻找这个问题的答案。根据传说，写这些书的不是凡人，而是埃及的神托特，希腊人称之为赫耳墨斯[1]。书名就用了赫耳墨斯的名字，唤作《赫耳墨斯之书》。未经传授的人看它们，是一点也看不懂的。

瞧，这是其中的一本：《怎样制造太阳》。

> 正如万物出于一，万物都是从单一的东西产生出来的。它的父亲是太阳，它的母亲是月亮。风怀抱它。地是它的乳娘。把土的跟火的分开，像把烟跟固体分开一样，你就可以得到世界上最美好的东西……

没有学问的普通人在这个谜上面绞尽脑汁也是枉然。

但是经过传授的人知道：太阳是金，月亮是银，土星是铅，水星是水银。

[1] 赫耳墨斯是希腊神话里众神的使者。

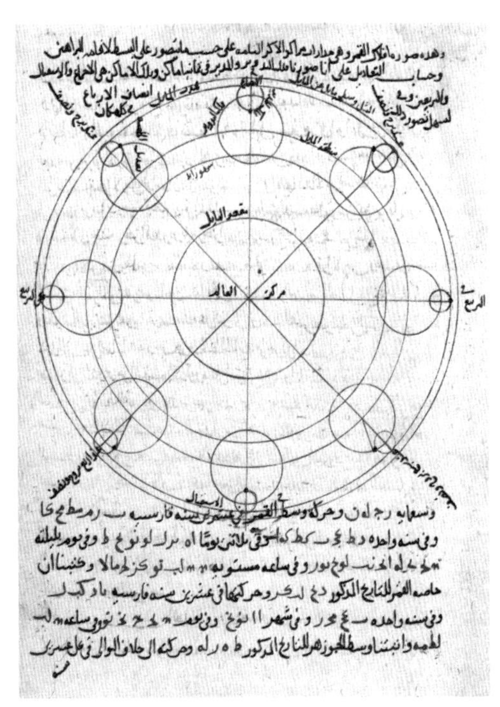

于是阿拉伯的科学家们又重复古代亚历山大里亚的炼金术士们的实验[1]。他们熔化、燃烧、蒸馏，为了要得出黄金——太阳。

他们设法把铜和各种各样的物质放在一起熔化。有的成了白色的合金，有的成了黄色的合金。于是人们觉得：只差一点，铜就会变成白银或黄金，变成金属之王了。

像这样，他们追逐在幻影后面，在小世界的黑暗中徘徊。

但是他们沿途也常常发现真正的财宝。当他们把所有的东西放在一起混合熔化的时候，他们发现了硝酸和硫酸，发现了溶解金属和制造盐类的方法，他们研究了硫黄、水银和砒霜的性质。

在黑暗而多烟的实验室里，在奇形怪状的容器——双口蒸馏器和曲颈蒸馏器之间，产生了真正的科学——化学。

人们学习怎样去支配最小的微粒，这些微粒不是总能够用肉眼看见的。他们把精巧的陷阱——过滤器——放置在这些微粒必经的路上。他们像打猎的时候赶兽一样，赶着它们在弯弯曲曲的盘管的路上走。他们迫使它们从溶液里析出，成为细小

[1] 据我国考证，阿拉伯炼金术受到过我国炼丹术的影响。

的结晶，落在容器底部上。

人又重新大踏步地向前迈进了。

人们觉得，只差一点……

此时在东方，光也开始渐渐昏暗了，大队敌人——塞尔柱突厥人[1]和基督教武士们——像乌云似的从四面八方袭来。

周围越来越黑暗了，焚烧书籍的火焰却越来越频繁地映红城市的广场。

但是科学是烧不掉的。

在巴格达被驱逐的时候，它在西班牙的科尔多瓦给自己找到了避难所。对于科学来说，只要是尊重它的地方，它是可以到处为家的。

科尔多瓦的书商们还没有忘记哈里发们只是为了一份手抄本就付出一千金第纳尔[2]的那个时代。

在辽远的东方，在巴格达，隐士阿尔-加惹尔[3]正在写关于知识无用和理智无力的书。可是就在这同一个十二世纪里，哲学家阿威罗伊[4]——亚里士多德的继承者，却在科尔多瓦大胆地挺身而出保卫科学了。

他论证，最大的幸福不是在不认识的事物面前低头，而是想认识一切

[1] 塞尔柱突厥人是突厥人的一个分支，公元1000年左右，在酋长塞尔柱率领下，从中亚北部草原迁到锡尔河下游地带，接受了伊斯兰教。后来塞尔柱的孙子吐格利尔拜格征服伊朗大部分土地，1055年进入巴格达，迫使哈里发授予其苏丹称号（意思是有权威的人），成为一个大帝国。

[2] 第纳尔是古代阿拉伯国家的货币名称，今天的伊拉克、阿尔及利亚、南斯拉夫等国仍用第纳尔作为货币单位。

[3] 阿尔-加惹尔（1059—1111），伊朗哲学家。他的阿拉伯文名字叫安萨里，阿尔-加惹尔是他的拉丁化名字。他著有《哲学家的矛盾》一书，非难阿拉伯的亚里士多德学派哲学家阿维森纳等。后来阿威罗伊对这本书提出反批评。

[4] 阿威罗伊（1126—1198），西班牙的阿拉伯医学家、哲学家。他的阿拉伯文名字叫作伊本-路世德，阿威罗伊是他的拉丁化名字。

的骄傲的志向。

他说到人类的统一的理性。人死亡，人类却遗留下来。一个人的生涯是短暂的：在他有呼吸的短短时间里，能知晓许多事情吗？但是人类是不死的，他的理性是永生的。对于这个共同的理性，没有达不到的目的，没有限度和止境。

像这样，人开始感觉自己是大海里的一滴水，伟大的整体的一部分。巨人开始了解他是巨人，他是大写的“人”。

从前有过一个时期，人类的心被锁在、挤在小小的种族的“我”那狭窄的四壁里。人们口头说——“人们”，心里却想——“埃及人”：谁不是埃及人，就不是人。

如今，人在把这个狭窄的“我”的墙壁挪开。他越来越意识到，所有的人都是人，大家在一起就是人类。阿威罗伊明白，他不仅是生在西班牙科尔多瓦的阿拉伯人，而且他还是人……

岁月不停地逝去。

如今，西班牙的阿拉伯人——摩尔人[1]——的统治也已经到了末日。基督教的

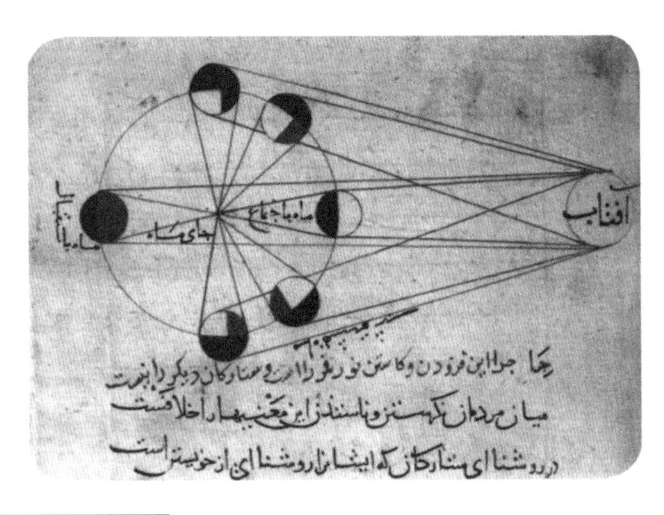

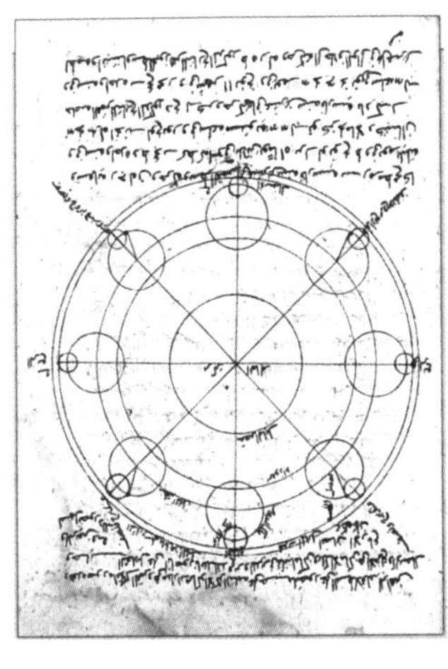

[1] 这里的摩尔人指公元八世纪到十三世纪从北非西部进入伊比利亚半岛的阿拉伯人。他们在这期间把新的农作物品种和农业技术带进西班牙，和当地居民共同创造了高度繁荣的文化，在数学、医学、地理、哲学、建筑方面都有所成就。许多希腊文献被他们保存下来并译成阿拉伯文本和拉丁文本，对欧洲近代文化的形成产生过一定的影响。

武士们把它从西班牙排挤出去，赶走了它。

古代的科学又重新处在危险的境地了。希腊哲学家们的著作在毁灭，在散失。但是这些书又重新找到了保卫者。

在西班牙，在普罗旺斯[1]，在南意大利，犹太的医生、天文学家和哲学家们，在把亚里士多德、阿威罗伊、欧几里得和托勒密的著作从阿拉伯文翻译成犹太文和拉丁文。

人们把犹太学者犹大·伊本·提朋唤作“翻译者之父”。

他的儿子、医生兼哲学家撒母耳在翻译亚里士多德的《气象学》。

他的孙子、医生兼著作家摩西在翻译欧几里得的《原本》以及阿威罗伊和塔吉克学者阿维森纳[2]的著作。

---

[1] 普罗旺斯在今法国西南部。

[2] 阿维森纳（980—1037），阿拉伯医学家、哲学家、自然科学家、文学家，生于古波斯布哈拉城附近，他的成就是多方面的。他的阿拉伯文名字作伊本-西拿，阿维森纳是他的拉丁化名字。

他的曾孙雅科夫——基督教徒们唤他是顿·普罗菲阿特·提朋——在蒙彼利埃的医学专门学校讲天文学，同时还翻译欧几里得的著作。

对于这些世袭的翻译家和学者，没有比书再宝贵的东西了。如果需要搜寻古代的手抄本，他们随时准备出发到很远很远的地方去旅行。摩西·伊本·提朋乘船从马赛到亚历山大里亚，在那里还可以找到古代的纸莎草纸文卷。在旅途中，他并不白白花费掉他的光阴：他编了一本哲学辞典。

这一家族的家长犹大·伊本·提朋给他的儿子撒母耳写过一份遗嘱。他留给儿子的不是一箱一箱的黄金，而是一箱一箱的书。

我搜集了大批图书，有条不紊地保存它们吧。替每个书橱编好一张书目，把每一本书都放在适当的书橱里。用漂亮的帷幕把书架遮上，保存好书不让它们被天花板上流下的水浸湿、被老鼠咬坏、受到任何的损害，因为它们是你最好的财富、你最好的朋友。在学者看来，置放着书橱的书库比最美的花园还要好看。

我们不知道伊本·提朋的书库后来怎样了。

也许这些书——它们的所有者曾经要求这么珍重地保存的书——早已没有了。

不过像提朋这样的人是完成了他们的任务的。他们保留了古代的智慧，而且把它继续往下传了。

从纸莎草纸转移到羊皮纸上，从希腊文变成阿拉伯文，从阿拉伯文变成犹太文，从犹太文变成拉丁文，科学兜着圈子，又回到了西方。

有的时候，西方的人们把希腊的学者当作阿拉伯人。他们把阿基米德按照阿拉伯方式唤作“阿基门尼德”，因为他的那些著作不是由希腊直接传入欧洲，而是绕道阿拉伯国家传入的……

人们就是这样拯救了科学，像传递一宗最贵重的物品一样，把它从一双手传递到另一双手。

东方发生这些事情的时候，西方怎样了

在这个时期，在西方，人也没有站着不动。

他一世纪比一世纪加紧脚步。

从前有过一个时期，领地叫人想起森林里的小岛。人们像鲁滨孙一样在这座小岛上过日子。农奴们为地主和自己制造一切。

但是农奴不是想方设法逃避工作的奴隶。他的手一会儿也不休息，拼命地干着活。

他伐掉森林，排干沼泽，征服荒地。不屈不挠的劳动使粮食越打越多。

不过，农夫本身也只能得到他所创造的东西的一小部分。在他的家里，在用稻草苫顶的、被烟熏得黑黑的茅舍里，只有贫穷和困苦。

然而在地主的城堡里，大餐桌上永远摆满了食物。地主是个好客的人，他自己爱吃好的，也爱请客人们吃得酒醉饭饱。仆人们也不落在主人的后面。

城堡里住着多少人啊！这里有没有领地的武士，有武士的随从，有侍童，有马夫，有司膳，有司酒，有照看猎犬的人，有看门人，有厨师，有没有特别任务的普通婢仆。

有的人坐在桌前吃，有的人伺候着。

整条的火腿、肥美的天鹅、巨大的肉包子或者鱼，连仔细瞧一下都来不及，就已经消失得无影无踪了。

这一切都是热辣辣的，用香料、胡椒和生姜调过味的，连酒里也放过这些海外调味料。因此吃饱的人也愿意再吃。

是谁养活他们所有这些人的？

是农奴。

那么是谁给他们衣服穿的？

从前，地主和他的妻子曾经穿家织的料子缝制的衣服，如今地主却要穿天鹅绒的外套，女地主要穿镶黑貂皮的绸斗篷了。

从哪儿取得这些东西呢？

从集市上，从城里。所有这些绸子和天鹅绒、珍珠和宝石都是从远方运来的，要付出硬币去购买它们。

地主从哪儿取得这种硬币呢？

又是从农夫那稻草苫顶的农舍里。

从前，地主用强制劳役来折磨农夫们，如今改收地租。随你怎么办，从早到晚地干活也好，卖去最后一头牛也好，出去干手工业、做木工、做鞋匠也好，只要能够到期付钱就行。

领主的钱总是不够花。打算去出征——需要钱购买剑和盔，购买各种各样旅行用的物品。家里设宴会了——需要钱购买海外的调味料和衣服。

地主越来越经常派人从城堡到城里去购买葡萄酒、制造蜡烛用的蜡、丝绸和天鹅绒……

这座城在最近几十年来扩大了多少啊！不是不久以前，它还像个用栅栏围着的村庄吗？肮脏的空地，在教堂和市场周围的几所小房子，菜园和牧场——这就是整个城。而现在呢？商人、织工和武器匠们在它里面建造了多好的房子啊！市政府旁边有些房子像精巧的小阁子一样，修饰得金碧辉煌：一座比一座漂亮。

从前，商人背上背着很重的筐从一个领地走到另外一个领地。流动的裁缝带着自己的剪刀到城堡里去。他在城堡里住两三个月，给大大小小的人缝制衣服——为了过复活节[1]或是参加婚礼。

如今，商人、织工和裁缝都定居在城里了，他们把所有的亲属也都拉到自己住的那条街上去了。就这样一区一区住下来：陶工和陶工住在一起，染匠和染匠住在一起。

有的人的父亲还是领地里的木工，而他自己已经不是农奴，不是木工，而是作坊的师傅——精巧的雕木工了。

他身上穿的衣服是崭新的，靴子是带着漂亮的扣的，腰带后面挂着的刀镶的不是铜而是银。

再看看商人吧，当他骑在马上、头戴海狸皮帽、身穿灰色呢料缝制的外套的时候，有多神气啊！

[1] 复活节是基督教纪念“耶稣复活”的节日，规定每年春分月圆后第一个星期日是复活节。

谁也不会说，这种人是负债的，因为他无论买什么，都付现钱。

人家的日子都过得很好，只有农夫们日子不好过。

当国内有战事的时候，城里人待在坚固的城墙后面。

武士们把城门关起来。但是农夫们的田地却没有墙围着。

每一伙武装的匪徒都践踏庄稼，焚烧茅舍，赶走牲畜。

主人们打仗，倒霉的是他们的农奴。

田地里长起杂草。秋天，到了收割的时候，农夫连他播下去的种子的六分之一

都收不到。

当他还是个孩子的时候，向母亲要一块面包吃，母亲向他说：老爷把粮食拿走了。

当他开始帮他的父亲干活的时候，他拖不动木犁，父亲说：是老爷命令耕地的。

教堂里的神甫每礼拜日教老百姓：忍耐吧，因为基督也曾经忍耐。

老是忍耐吧，忍耐吧。哪里有这么多的耐性呢？而且为什么要忍耐呢？

每一个人都盼望：或许孩子们能过得好一些。但是坟场上的十字架越来越多了。孩子们的孩子们已经躺在土里了，而日子并没有变得比以前好过些。

只剩下一条路：抛弃故乡的田地，半夜里，头也不回地离开家，再不瞧瞧隐没在黑暗中的村庄。

到哪里去呢？

进城去！

人们不是无故地编这样一条谚语的："城里的空气也把人变成自由的。"

但是跟土地绑定在一起的人就像囚徒跟牢狱的墙壁绑定在一起一样，不那么容易走开。农奴是地主的所有物。

生活越来越苦，苛税和压迫越来越难以忍受。

终于忍耐到头了。

暴动的农夫们把地主的城堡从四面点起了火，城堡在燃烧，浓烟包围着高高的锯齿形的碉堡……

饥馑跟在战争后面，在荒废的、凄凉的地面上走着——从意大利到普罗旺斯，从普罗旺斯到勃艮第。

一斗谷物的价值已经涨到一把金币了。瘟疫紧紧地跟在饥馑的后面。

"死亡"从一个村庄流浪到另一个村庄。坟场上越来越拥挤，村庄里越来越空旷。

许多人又重新恐惧地等待世界的末日。有的人在亵渎神明，说世界是恶魔创造的，要不然就不会那么不好。

各种异端在地上蔓延，人们用火和剑来铲除它们，但绝望难道是容易铲除的吗？

出路在哪里呢？

人们觉得，在自己家里是找不到出路的。

于是在所有的道路上，都开始有慢慢地移动着的队伍和人群。

用自制的剑和矛武装着的农夫们走在泥泞的道路上。

穿着亮闪闪的服装、肩上有十字记号的武士们追过他们。

农家的孩子们在咯吱作响的两轮篷车上哭。牛在哞叫，马在嘶鸣。

人们把他们所能拿的一切都带走了，就好像他们不想再回到家里似的。

男爵们带了自己的随从走。他们把自己的农奴和仆役、伶人和歌手都一起带走。

甚至猎鹰都站在饲鹰人的右手上出发了。

在市场和渡口，又喧哗，又拥挤，生意空前热闹地进行着。许多人离开家的时候，把他们所不能带走的东西都卖掉了。钱像河水般向商人的箱子里流去，商人打开了仓库沉重的锁，把他们所囤积的货物都搬到市场上去，盼望能够卖上高价，赚得大钱。

一路上连孩子们都排成了很长的行列。

他们在向哪里走？他们指望什么？

他们在期待奇迹。他们向东方走，为了从撒拉逊[1]人手里夺取“圣地”——巴勒斯坦，连同它一起，还有东方不可思议的财富。

[1] 撒拉逊人指十字军东侵时的阿拉伯人或伊斯兰教徒。

第四章

世界又重新变得辽阔了

巴勒斯坦被十字军征服了。

他们建立了耶路撒冷王国，里面肩并肩地居住着法兰西人、英吉利人、意大利人、日耳曼人、叙利亚人、希腊人，还有亚美尼亚人。在橄榄林和葡萄园之间，出现了骑士们的城堡的锯齿形城墙和塔。在耶路撒冷国王的宫廷里，可以遇见有最奇怪的头衔的爵爷。这里有加利利的公爵，有雅法[1]的伯爵，也有西顿[2]的领主。这些爵爷拥有广大的领地，叙利亚农奴们在那些领地上干着活。

在古老的腓尼基的提尔[3]城里，工匠们和一千年前一样地从蜗牛里提取紫红颜料，用玻璃吹制贵重的碗杯。但是在提尔城的街道上，不同的面貌、姓名和方言多么奇怪地混杂在一起啊！几乎全城的三分之一都属于威尼斯人。他们有自己的住宅区、自己的市场、自己的教堂、自己的货栈、自己的浴室和面包房。

威尼斯人、法兰西人和英吉利人都希望像在自己家里一样地在东方过日子：和邻人们隔离开。但是在这里，这一点说比做容易。他们都是由于憎恨撒拉逊人、憎恨不信仰基督的人们被引导到这里来的。而如今，他们和撒拉逊人居然和平相处

[1] 加利利和雅法在今以色列境内。

[2] 西顿在今黎巴嫩境内。

[3] 提尔也译作推罗，又名苏尔，是现在黎巴嫩的港口城市，古腓尼基的重要城邦。

了，许多人娶了穆斯林叙利亚女人，当地的词汇，像“卡夫坦”[1]啦，“布尔努斯”[2]啦，“毛丝绫”[3]啦，“菲斯塔什加”[4]啦，柠檬啦，越来越经常地掺杂在对话里了。信仰基督教的领主们在铸造印着《古兰经》箴言的金币。为了和穆斯林们做生意，这种货币——“撒拉逊的拜占特”是需要的。

[1]“卡夫坦”是音译，意思是一种有长襟的外衣，阿拉伯人穿的一种长袍。

[2]“布尔努斯”是音译，意思是阿拉伯人穿的一种带风帽的斗篷。

[3]“毛丝绫”是音译，意思是一种薄棉布。

[4]“菲斯塔什加”是音译，意思是阿月浑子果，也叫胡榛子，可食用或榨油。

意大利的大桡船把奴隶和武器运给埃及的苏丹，虽然苏丹是基督教的敌人。

罗马教皇颁发了一道严厉的诏书，禁止和撒拉逊人做买卖。但是这个诏书没有产生效力。在大海上，从叙利亚驶向热那亚的载着调味料、颜料、丝绸、葡萄酒、糖等贵重货物的成百艘船难道是阻挡得住的吗？难道能用羊皮纸卷挡住横渡叙利亚沙漠的商队的路吗？怎么能叫那些翻越阿尔卑斯山隘到意大利去运东方货物的日耳曼商人回来呢？

巨大的历史钟摆又左右摆动了两下。

在八世纪，阿拉伯人从东方走向西方——一直走到比利牛斯山脉。在十一世纪，十字军从西方走向东方——一直走到耶路撒冷。

钟摆统共只摆动了两下。

而一切又重新改变了多少啊！从前被大海和沙漠、风俗习惯和宗教信仰隔离开的各个民族，彼此之间变得比从前亲近了。

不是不久以前，法兰西或日耳曼的骑士还像熊住在洞穴里似的居住在自己的城

堡里吗？

关于世界，关于别国，他知道些什么呢？

他听说过，在大地正当中某处，有个耶路撒冷，还有另外两座大城市——罗马和君士坦丁堡。但对于那是一座什么样的城市，什么人住在那里，他是多么模糊啊！他还相信，在大地的边缘某处有个没有月亮也没有太阳的地方，有头上长角、手上长狮爪的人住在那里。

偶尔有旅行的商人和僧侣到城堡里去。他们添枝加叶地用杜撰的话修饰着真实，给人们讲他们所看见和听到的事情。在流浪歌手和行吟诗人的诗歌里，杜撰的话就

更多了。

当骑士想象世界时，他原以为只消走出一百英里外就会出现有巨人在路上徘徊、有龙在袭击旅人的神奇地方。

而如今，这些无知的骑士们居然到了君士坦丁堡，到了安条克[1]，到了耶路撒冷。

他们知道了，自己从前真是井底之蛙。

他们看见了拜占庭壮丽的庙宇、东方的宫殿和清真寺。他们感觉到，

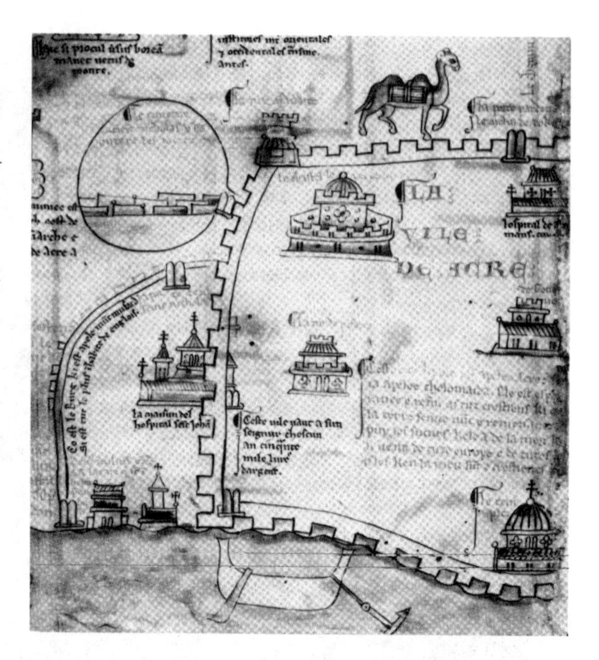

[1] 安条克就是现在的土耳其南部的安塔基亚，靠近地中海，公元前四世纪到前一世纪是塞琉西王国都城，后归属罗马，公元七世纪被阿拉伯人占领，十字军东侵期间（1098 年）在这里创立安条克公国。

跟他们在希腊和叙利亚所看见的事物比起来，他们在故乡所过的生活真是又贫乏又穷苦。

那里的土地本身还保留着关于伟大的古代的记忆，那里的阿拉伯学者们还在读亚里士多德和托勒密的著作，那里的地理书里还在叙述中国和印度的奇妙事情。古代建筑的废墟到处可见，关于昔日生涯的传说也还在流传着。

如今在腓尼基的提尔城里，基督教的主教威廉在研究《古兰经》和阿拉伯历史学家的著作。他在著述一本《海外事业和事件史》，在这本书里，对于伊斯兰教，对于异国的风俗习惯和宗教信仰已经没有什么憎恨了。

像这样，在战争和不和之间，未来统一的人类文化在逐渐成熟着。

哈里发国家瓦解了，耶路撒冷王国也崩溃了。

但是由共同劳动所紧紧连接起来的事物是不太容易毁坏掉的。西方和东方的成百万人都曾经辛勤劳动：耕种田地和栽培葡萄园，养蚕，植桑，从蜗牛中提取颜料，用橄榄榨油，用甘蔗熬糖，采集棉花，剪羊毛，锻铁，织布。

由于人们的劳动，西方和东方的财富都积累得越来越多。

东方需要西方，西方也需要东方。

于是他们越过大海和沙漠，越过怀着敌意建造在他们之间的所有障碍物，彼此伸过手去。

不过这种敌意还将长久地存在。

在地中海上航行着船舷很高、桡夫成百的意大利商船。当意大利人远远地看见撒拉逊人的船舶的时候，他们就准备开战了。用长长的钩子钩住敌人的船舷，把它拉到自己的船边来。武装的人们从自己的甲板上跳到别人的甲板上。谁的旗帜将在船上升起？谁将占上风：

是热那亚人的十字，还是撒拉逊人的新月？

两方的人都认为自己才应该是海的主人，其余的人都是海盗……

可如今船舶到港口里停泊了，成群结队的商人和朝圣者们上岸了。

在近东的城市——雅法、安条克和凯撒利亚[1]——越来越经常地可以听到欧洲话了。

[1] 凯撒利亚是古代巴勒斯坦西部的一个海港。

和清真寺的尖塔并排，钟塔高耸到炙热的叙利亚天空。通报伊斯兰教祈祷时间的喊声跟钟声融合在一起……

这时候，在北方，在自由城市卢卑克[1]，身穿拖到脚背的皮大衣、头戴高帽的从诺夫哥罗德来的客商们走到自己的俄罗斯教堂去。这些“客人”住在异乡也是什么都按照本国的风俗习惯，如同住在家乡一样。

不论向南或向北，世界都已经扩大了。

最早的北极探险者——诺夫哥罗德人乘了小船，在北方的江河上航行。他们的歌声传到很远：

> 弟兄们，我们坐上刨光的柳木船，
> 弟兄们，我们把桨拼命地划动吧。

诺夫哥罗德人知道：这个贫穷的北方只是外表贫穷。茂密的森林里的树枝和树洞间，藏匿着比黄金还要贵重的东西——黑貂和貂鼠。

---

[1] 卢卑克在今德国境内，靠近波罗的海。建于公元 1158 年，从十三世纪末到十五世纪，曾经作为“汉萨同盟”盟主。

在大诺夫哥罗德城里的波雅尔们的仓库和商人们的店铺里，蓬松柔软的毛皮一直堆到了天花板。

旁边放着从佛兰德斯的伊普尔运来的一卷卷价钱昂贵的呢绒……

世界越来越辽阔了。

在英吉利的某些集市上，从法兰西、意大利和日耳曼来的商人们彼此碰头了。

每个人都急急忙忙地去赶集市开幕的典礼。

从一个集市到一个集市

集市位于高冈脚下。挂在高高旗杆上的皇家旗帜提醒人们，集市是在国王的庇护下举行的：谁在皇家道路上打劫皇家商人，谁就将跟皇家法庭去打交道。

旗子旁边有一个给集市法官用的帐篷。他们监督着不让任何人克扣和少称分量，确保钱币足重、货真价实。这里也有为惩罚骗子，为惩罚高价出售面包、葡萄酒或啤酒的人而准备的耻辱柱。

在帐篷周围就是整个一座城市，只是并不是由房子构成的，而是由木头搭的货摊和小铺构成的。这里跟城市一样，也有街道：在一排里，杂货商人把肉豆蔻、胡椒和调味香料等摆出来售卖；在另外一排里，呢绒商人把从布鲁日、根特和香巴尼[1]运来的沉重的一匹匹红红绿绿的呢绒陈列在柜台上。外国商人各自聚在一处：佛兰德斯人跟佛兰德斯人在一起，日耳曼人跟日耳曼人在一起。

[1] 布鲁日是今比利时西北部的一个古老城市，十三世纪到十五世纪曾经成为西欧重要贸易中心之一，工业以纺织等为主。根特也在今比利时西北部，是水陆交通枢纽，有纺织等工业。香巴尼旧译香槟，是法国旧省名，在巴黎以东，以产酒著名。

这座木城也有自己的城墙——有大门的栅栏，门口站着看守人。

他们谨慎地监视着，使谁也不能不纳税就溜走。

现在隆重的一刻到来了。身上穿着金绣的长襟外衣、手执笏杖的宫廷传令官大声地宣布，集市开幕了。法官们骑着马在门口接过钥匙，然后在市上绕行一周。

这时候，杂耍就开始了。这里有多少喧闹声和喊声啊！买主多少次离开了柜台，之后又重新走回来，为了再拿出精力来讲价钱！这里有盲人在唱圣歌，有占卜者在预言命运，有医师在拔牙，有理发匠在刮胡子，有涂了花脸的小丑在露天剧场的舞台上翻筋斗。人们在这里喝，在这里吃，在这里唱，在这里吵架，在这里跳舞。

瞧，这是从附近城堡来的地主。他醉醺醺地在一排排货摊之间走着。

他每购买一次东西，钱包就变轻一些。从农夫们那里得来的钱就像秋叶般向四面飞散了。

老人们还能打定主意，想方设法使自己离集市和它的各种诱惑远一些。但是年轻人难道能管得住自己吗！

父亲积蓄了好几年的钱，轻率的继承人往往在几天里面就胡乱花在衣服和娱乐上面了。

城堡的黑暗地窖里，包铁皮的箱柜逐渐空了。它们里面，沉重的银币和铸着威尼斯总督像的金杜卡托[1]越来越少了。可以想到，有一种什么力量在把货币赶回到集市上去，货币原来就是为集市买卖铸造的。

金钱向南，向东，从一个集市跑到一个集市。沿途，它们当中有许多像金沙似的沉淀下去，落进意大利商人和银行家的库房。其余继续前进——到君士坦丁堡去，到亚历山大里亚去，又在海关和税局被拦住，装满了拜占庭皇帝和埃及苏丹的国库。自从塞尔柱突厥人开始在亚历山大里亚当家之后，税增加了好几倍。

但是这还不是终点。

金流继续向前进——流到向西方输出丝绸、宝石和调味香料的那些还不大了解的地方去。

怪不得购买这些货物要付出几十倍的价钱！它们在亚历山大里亚的价钱是印度的五倍，在香巴尼集市上的价钱又是亚历山大里亚的五倍。它们的中途拦着多少道堤坝啊！而且它们从这一条船转移到那一条船上去，从骆驼驼峰转移到马背上去，要经过多么长、多么艰苦的旅程啊！

但是无论什么样的障碍都不能阻止钱币和货物的洪流，无论什么样的危险都不能迫使商人们放弃长途旅行……

世界变得越来越辽阔了。

人们瞧那世界，看见无边无际的森林和田地、山岳和平原、大海和陆地——从瓦里亚海到诺夫哥罗德，从诺夫哥罗德到基辅，从基辅到拜占庭，从拜占庭到东方

[1] 杜卡托是十三世纪时候威尼斯的金币。

的国家。

这个世界还被成千道边界和关卡隔开着。每一小块还和别的小块敌对。人们不仅跟异乡人打仗，也跟自己的弟兄和邻人们打仗。

即使这样，那时候就已经有人明白什么是人民的团结了。

"一条心"

让我们重新翻阅一下编年史的羊皮纸书页吧。

在这些书页上，从头到尾充满着无数的流血争执和战斗，还一下子搞不清究竟是谁和谁敌对。昨天的仇敌今天变成同盟者，以便明天再重新变成仇敌。

瞧，这是日耳曼僧侣拉姆伯特编的编年史。他心平气和地叙述国王们、男爵们和主教们彼此之间怎样打仗。甚至统一的教会、统一的宗教都不能够调停他们所有的人。

拉姆伯特像讲述一件最平凡的事情一样，讲述有一次主教希尔德海姆手下的人和修道院院长福尔德手下的人之间所发生的冲突。那一天是圣灵降临节[1]。教堂里挤满了祈祷的人。正在礼拜仪式最肃穆的时候，许多人手持出鞘的剑闯进了教堂。站在台上的主教鼓动自己的人去作战。战斗者的喊声和濒死者的号哭声代替了祈祷声和圣歌声。

显然修道院院长和主教没能找到比这更好的地方和时间来解决他们的争执。

争执是怎样引起的呢?

是因为修道院院长竟胆敢和大主教并肩坐下，而主教决定要证明这个座位应该是属于他的。

瞧，在我们面前是另外一本编年史——俄罗斯编年史。让我们在它里面找出跟那同时期的几年——十一世纪下半叶。

[1] 圣灵降临节是基督教纪念"耶稣门徒领受圣灵"的节日，时间是每年复活节后第五十天。

彼时战争纷乱：基辅的大公围攻契尔尼哥夫[1]，诺夫哥罗德公爵进攻苏茨达尔和木罗姆。有的时候，俄罗斯的公爵们请草原的游牧民族波洛伏齐人[2]相助，和他们一起毁坏和焚烧俄罗斯的城市。

编年史作者本人拥护谁呢？拥护契尔尼哥夫？拥护基辅？

不是的，他拥护俄罗斯土地。

他怀着喜悦的心情，记下在柳别奇的代表会议上王公们的演说：

> 我们为什么要破坏俄罗斯土地呢？波洛伏齐人把我们的土地撕成一块块的，当我们之间有战争的时候，他们就高兴不已。我们从现在起大家一条心吧，维护自己的世袭领地吧。

编年史作者超越自己的时代许多世纪，记述关于人民“一条心”的事情。

事情是发生在十一世纪，封建贵族内乱时期。那时候还不说“俄罗斯民族”，而说“俄罗斯土地”。但是编年史作者已经预先看到城市不再跟城市敌对，俄罗斯民族团结起来的那个时候了。

对于编年史作者来说，契尔尼哥夫、基辅和诺夫哥罗德都是同样宝贵的。他相信，成千的人可能“一条心”。他超越了自己的时代。但是时间还是占了上风。

在从柳别奇回去的途中，王公们就在重新计划干坏事了。莫诺马赫的弟兄们在谋划，怎样可以夺取他们的侄子罗斯齐斯拉维奇们[3]的领地。

---

[1] 基辅国家从十一世纪中叶起开始解体，到十二世纪，分成基辅、斯摩棱斯克、契尔尼哥夫、梁赞、诺夫哥罗德、罗斯托夫-苏茨达尔、加里支等十多个公国。

[2] 波洛伏齐人属俄罗斯南方草原的突厥部落。

[3] 罗斯齐斯拉维奇们指罗斯齐斯拉夫的儿子们。俄罗斯人名中包括父名。这里当是说莫诺马赫弟兄们中有一个名叫罗斯齐斯拉夫的，死后领地由他的儿子们继承。

莫诺马赫在他的《家训》里讲道：

> 我的弟兄们派来的使节在伏尔加河上遇到我说：“跟我们联合吧，赶走罗斯齐斯拉维奇们，夺取他们的领地。假使你不跟我们走，那么就我们管我们，你管你。”我就回答他们说：“即使你们发怒了，我也不能跟你们走，我也不能触犯十字架。”我把他们遣走之后，拿起诗篇，悲伤地打开它，摘出下面这句话：“灵魂啊，你为什么要忧愁？你为什么使我心慌意乱？”

弟兄们盼望弗拉基米尔能听从他们，但他们错了。他不是这种人。他关心的不是亲属间的争吵，而是怎样统一俄罗斯土地来对付波洛伏齐人。为了俄罗斯土地，他做出了不是任何人都能做到的事情。

就在柳别奇会议之前，莫诺马赫遭受了很大的不幸：他的儿子在木罗姆城墙下，和契尔尼哥夫公爵奥列格打仗的时候战死了。

换一个人，一定会去报仇。风俗习惯如此。但是莫诺马赫给奥列格写信说：“我不是你的仇敌，不是复仇者……一切都信托神吧……我们不要毁灭俄罗斯土地。”

莫诺马赫把手伸给敌人是不容易的。他对周围看得很远。他不只看见自己的土地、自己的楼阁、自己的封邑，他的眼前是整个俄罗斯土地。他的视野中还有别国的土地。他劝自己的孩子学习外国语：“在那里面有别的国土的光荣。”他还提醒孩子，你的父亲懂得五种外国语。

在别国土地后面，无边无际的整个世界都展开在莫诺马赫的眼前。

莫诺马赫在《家训》里赞美全世界的伟大奇迹。他觉得惊奇，天是怎样构成的，地是怎样安在水面上的，他讲到太阳和星星，走兽和飞禽，以及鸟类怎样从温暖的地方飞到各处、分布在各处森林和田地上的事情。

显而易见，莫诺马赫在书上消磨了不少时间，文笔也很娴熟。他连行军的时候也写作，就跟马可·奥勒留[1]或恺撒[2]一样。他的《家训》以下面几个字开始：“我骑在马背上，心里想……”

---

[1] 马可·奥勒留（121—180），古罗马皇帝，公元161—180年在位。他也是哲学家。他经年用兵，行军中写成《沉思录》十二篇。

[2] 恺撒不仅是统帅和政治家，也是作家。他著有《高卢战记》《内战记》等。

这个会用自己的手缚住野马和在密林里打死熊的强有力的人也是个思想家兼诗人。

需要伟大的力量和伟大的智慧，才能把俄罗斯团结起来，去跟“田地”斗争，跟游牧民族斗争。

但是莫诺马赫也是走在他时代前面的。他死后，内乱又以新的威力爆发了，游牧民族又重新蹂躏俄罗斯的田地。

这时最好的人依旧相信人民的“一条心”。

《伊戈尔兵团战士歌》里愤怒地叱责王公们说：“是你们用自己的骚乱把不洁净的人引到俄罗斯土地上、引到全斯拉夫财产上来的：波洛伏齐的暴行正是由于倾轧才发生的啊。”

我们不知道创作《伊戈尔兵团战士歌》的伟大歌手的名字，但是他的歌词流传了下来。

歌词活着，歌词像从前一样地响着，就像歌手的手指下活的琴弦一样。

在早霞出现以前很久，是什么在喧哗，是什么在响？

这是俄罗斯的武士们在前进——

在喇叭声包围中，在铁盔帽爱抚下，被长矛头养育着。道路他们知道，峡谷他们认识，他们的弯弓拉满，箭筒打开，军刀磨利。他们像原野里的灰狼般奔驰，为自己求荣华，为王公求荣誉。

歌手早已不在人世了，连他的名字都被人遗忘了。

不过琴弦仍旧在他的手下面响着，过去的时光在《战士歌》里复活。

假使所有古代的书籍、所有古代的诗歌都遗失了，只剩下《伊戈尔兵团战士歌》，就这一首歌也会给我们保留下古代的俄罗斯。

我们重新看见它，听见它。

有金色屋顶的王公楼阁重新耸立在山上，喇叭声重新奏响，旗帜在打呼哨。往远处望，周围看得见山丘和峡谷，江河和湖泊，水流和沼泽。

在田里，农夫们在互相打招呼，河岸被温暖的雾气笼罩着，鸥和野鸭在河里游，独木舟在浪涛间摇荡。

王公们在田野里打猎。鹰高高地在雾下面飞翔，在扑杀鹅和天鹅。

我们现在不知道，歌手曾经居住在什么样的王公宅邸里。他唱赞歌不是唱给某一个王公听，而是唱给整个俄罗斯土地听的。

他看见了波洛伏齐人怎样包围住俄罗斯的兵团，“用一帮人把田野分隔开”。

因此他号召强有力的俄罗斯王公们——加里支的雅罗斯拉夫·奥斯莫梅斯尔和苏茨达尔的符塞沃罗德王公——“把脚放入金马蹬里，用利箭挡住田野的门户，为了目前俄罗斯土地所受到的欺凌。”

他回忆老弗拉基米尔·莫诺马赫。

“没法把那个老弗拉基米尔钉在基辅的山上。”莫诺马赫不仅只珍爱基辅一个地方，而且还珍爱整个俄罗斯土地。

《伊戈尔兵团战士歌》——这首歌不只叙述伊戈尔兵团，它叙述了整个俄罗斯土地。

对于作者来说，不论是基辅，或是诺夫哥罗德，或是“用自己的铁军支撑乌古尔[1]的山岳”的加里支公国，都是同样值得珍爱的。

他的世界很辽阔。他也看得见远处的别的国家。

当伊戈尔公爵被波洛伏齐人俘虏去的时候，希腊人、摩拉维亚人和威尼斯人都惋惜他。当伊戈尔回到家乡，回到基辅，“许多国家都高兴，许多城市都欢腾”。唱《战士歌》的歌手已经明白，所有的人民都过着一种共同的生活……

别切尔斯基修道院的院长狄奥多西写信给依沙斯拉夫王公说：

> 不光怜爱那些信奉自己宗教的人，也怜爱那些信奉别的宗教的人吧：假使你看见衣不蔽体的人或食不果腹的人，或是被冬天或不幸苦恼着的人，不管他是犹太人，是撒拉逊人，或是保加尔人；也不管他是异端，是天主教徒，或是任何不洁净的人——请怜爱不论什么样的人吧，要是能够，救助他们免去不幸吧。

[1] 乌古尔是喀尔巴阡山山麓的乌克兰族。

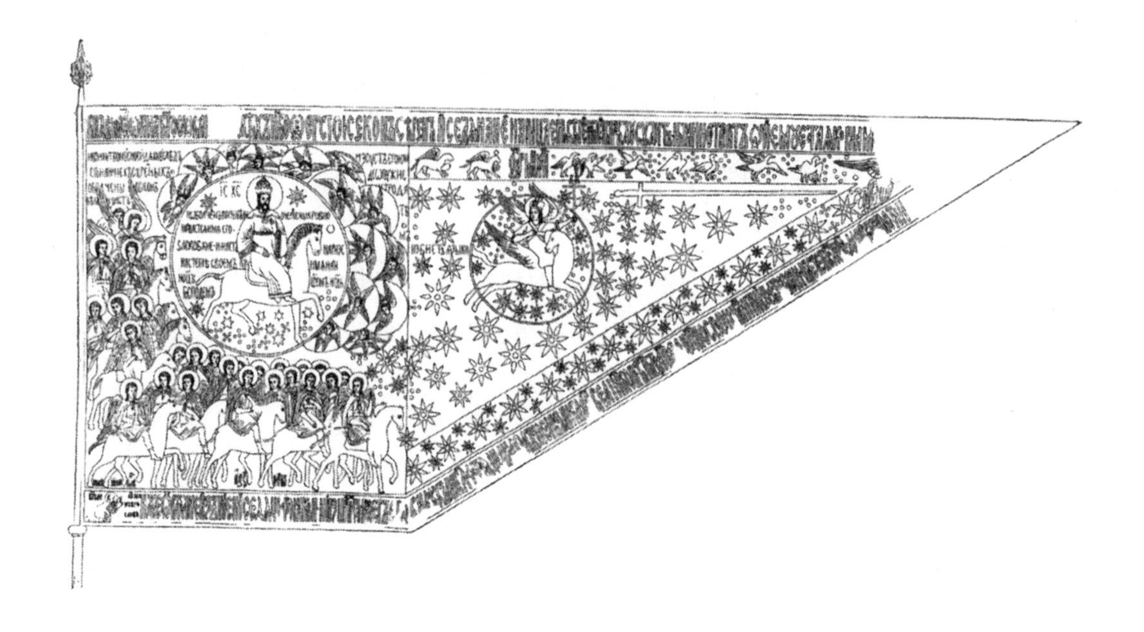

在这些纯朴的词句里表现出多么崇高的思想啊——关于各国人民之间友谊的思想！

世纪不停地逝去，了解人类力量在于人民友好团结的人也将越来越多。

人们把自己世界的围墙移开得更远。他们将不仅保卫和爱护自己一国的土地，而且还将保卫和爱护整个地球，整个行星……

现在我们不要说得太远，让我们再回到封建时代去。世界上还有不少把人们隔开的墙壁。

不过无论怎样，这已经是一个整体的世界，而不是许多彼此不了解的独立的小世界了。

在加里支国土上，正教教堂跟法兰西天主教大教堂相像：淡蓝色和红色的光透过彩色玻璃照在圣像上。

外国客人们惊叹基辅的壮丽豪华，他们说它可以和君士坦丁堡媲美。

在罗斯托夫-苏茨达尔国土上的森林间，弗拉基米尔城成长起来。在克利亚兹马河[1]的上空，在高低不平锯齿般墙壁的上面，轻巧严整的教堂高高地耸峙。

异乡人研究季米特洛夫教堂墙上的石头雕刻，惊叹那些工匠的手艺，他们把顽

[1] 克利亚兹马河是奥卡河左岸支流。

石精巧地雕刻出所有这些人物、飞禽和走兽。瞧，这是教人想起从巴黎圣母院高屋顶往下看的喀迈拉[1]。瞧，这是把马其顿的亚历山大送到天上去的老鹰……

但是立在离弗拉基米尔城不远的涅尔利河[2]上的另外一座教堂也许还要漂亮些。它建于1165年，伊戈尔公爵出征前二十年。世界上能够跟这个用白色石头建筑的轻巧、严整、匀称的建筑物媲美的真的没有几处。

在这同一个十二世纪里，在格鲁吉亚，伟大的诗人朔塔·鲁斯塔维里[3]创作了一首长诗。在那篇诗里，“西方的智慧和东方的诗意结合在一起”。拜占庭人谈论格鲁吉亚人，说：“虽然你们是格鲁吉亚人，以你们富有教养的一点来说，你们是真正的希腊人。”

在基辅和巴黎，在君士坦丁堡和伦敦，人们在修道院图书馆里阅读书籍，抄下故事和传说，爱慕地用金色和各种颜色、用花花绿绿的图画和精巧的大写字母装饰了手抄本。

孩子们在学校里学习读和写。对于他们来说，每一本书都是开向世界的窗子。

[1] 喀迈拉是希腊神话里的怪物，前身像狮子，后身像蛇，中部像山羊，嘴里喷火。

[2] 涅尔利河是克利亚兹马河左岸支流。

[3] 鲁斯塔维里是十二世纪格鲁吉亚的人文主义诗人，著有长诗《虎皮武士》。

关于书、初级学校和大学

初级学校像个蜂窝似的在嗡嗡作响，孩子们——大孩子和小孩子都坐在长桌前，这里所有的班级都在一起。

小孩子们在合唱《我们的天父》，那些稍大一些的孩子在结结巴巴地念初级读本，最大的孩子在精读诗篇。

喧嚷声大得很，大得连自己有时读错了都觉察不出来。

坐在离老师比较近的是那些多少已经马马虎虎学会了读书的孩子。他们用手指头一行一行地指着，跟着老师重读每一个单词。他们对自己的耳朵比对眼睛更加信任。老师怎样说就应该怎样重复。

他们的脑子在忙着想随便什么事情，只是没有想读书这件事。瞧，鸽子在教堂上空飞过去了。瞧，一个牧人赶着大群牲畜走在尘土飞扬的大街上。

头脑有它自己的事情和挂虑，它想不到舌头所说的事情。

而且就算它想到，它对于书里所写的东西又能懂得多少呢？在俄罗斯，学生们很费劲地学着斯拉夫语。在西方，读书更难了：那里是用拉丁文写书的。除了神父

和教师之外，谁也不懂拉丁文。那就只好跟着老师重复每一个字。读会了一本书，再读另外一本。

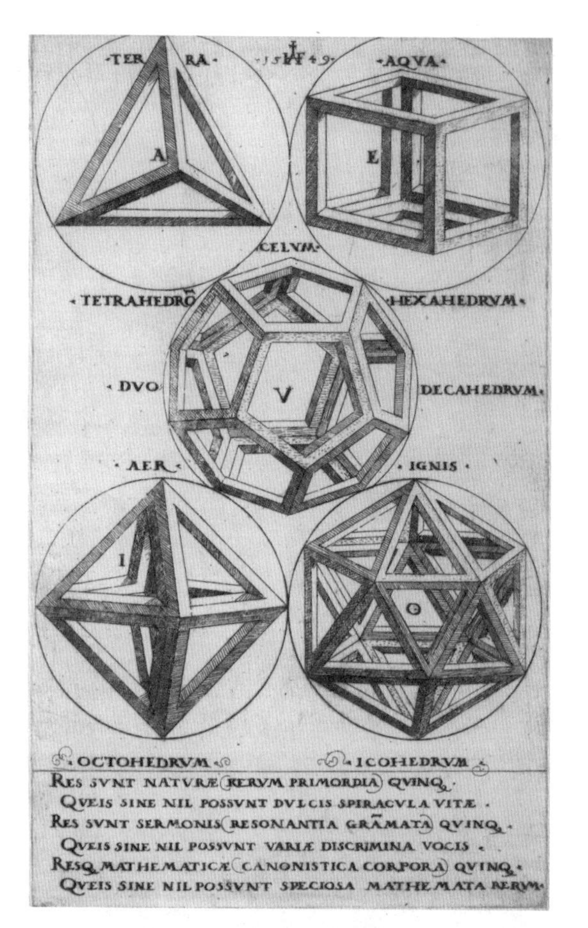

老师也就像这样收学费——教读一本书收一次学费。当做父亲的跟他讲妥学费数目的时候，他们击掌，就像讲妥了做一件新长襟外衣一样。他们唤教师为“师傅”——仿佛他是个织工或裁缝似的。

可是从师傅那里学不来很多本领——最多也不过学成个会唱赞美诗的小角色罢了。

谁想爬得高一些，他就得进修道院学校或是教会学校。

那里教授文法、修辞学和辩证法。

假使谁把这些也掌握了，他就开始学习算术、天文学、音乐和几何。

七门学问——就像七姊妹一样。

文法教人说话，辩证法教人明白真理，修辞学教人修饰言语，音乐教人歌唱，算术教人计算，天文学教人研究星宿。

从前连主教们也说，做词类变格和变位练习都是无聊和有罪的，如今那种时代已经过去了。

如今，并不盼望做主教而只想做普通修道院院长的人也都得知道文法。

文法是一种不简单的学问，算术更难。很少人认识阿拉伯数字，人们还按照老法子写数字。

要把罗马数字 XII 和 XV 加起来就不那么简单。计算分数更不好办：请你从四分之一的一半的一半减去三分之一的一半的一半的一半。

而且还须记住每一个数字的意义。

GEOMETRIA.
GEOMATRIA
ASTROLOGIA.
ASTROLOGIA
ARITHME-
TICA.
ASTRONOMIA.
MVSICA

老师解释给学生们听：四——这是四季，是一天的四个部分——昼、夜、朝、暮。这是我们暂时的地上生活，同它连在一起的是所有的俗世的快乐。为了永久的快乐，必须放弃暂时的快乐，必须斋戒和祷告。

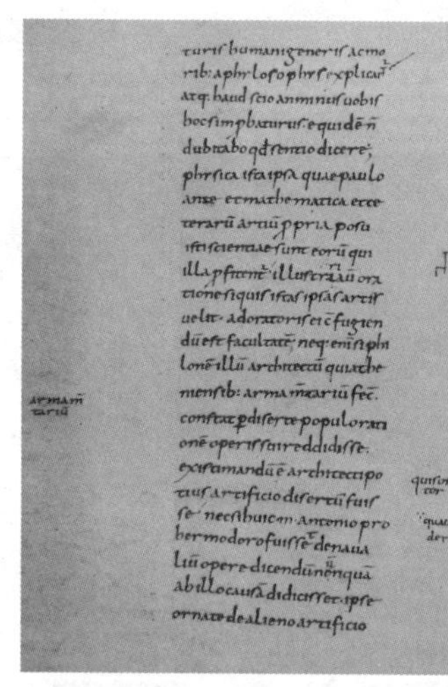

老师像这样解释每一个数字的意义。

三——这是基督教徒所信仰的三位一体[1]。

七——这是人。人有灵魂和肉体。灵魂——这是心灵、精神和思想，因此说：用整个心灵、全部精神、全部思想爱神吧。而肉体——这是四种元素构成的。把它们加在一起——你就得出七。

人们也研究天文学——关于地和天的描述。

不久以前，老师们还在学校里讲那些关于雨和雷、关于走兽和飞禽的神话。他们说，下雨是由于天使用管子吸起海水把它浇在地上。他们也讲起像树一样在根上生长的羊，讲起从果实里飞出来的鸟等。

[1] 三位一体是基督教的主要教义之一，认为上帝只有一个，但是包含圣父、圣子、圣灵三位。

现在人们更好地认识了世界，已经很少有人相信这种神话了。

从东方向西方，从阿拉伯人和希腊人那里传来了古代学者——亚里士多德、托勒密的著作。

修道院学校的学生们已经知道四种元素，知道带着恒星和行星的透明的天球。这比科斯马·印第科普留斯特斯所描写的狭窄屋子更像世界了。

在博洛尼亚[1]，在巴黎，已经有了高等学校了。

旅客们肩上背着行囊，手里拿着手杖，沿着各条道路走向巴黎。他们不是朝圣的老年人，差不多都是些少年。他们不是去向殉教者的圣骨礼拜，不是到苦炼的修道僧那里去，而是到巴黎圣母院学校去，听一听有名的学者——基劳姆·德·香浦[2]和彼得·阿伯拉尔[3]——的讲学。这些博学大儒的名声传遍了全世界。波亚图[4]的人、安茹[5]的人、不列颠的人和英吉利的人都知道他们。

---

[1] 博洛尼亚在今意大利北部伦巴第平原南部、亚平宁山北麓。

[2] 香浦（约 1070—1121），中世纪法兰西经院哲学家，实在论者。他的著作现存他所提出的神学《问题》四十七条。

[3] 阿伯拉尔（1079—1142），中世纪法兰西经院哲学家。

[4] 波亚图是旧地名，在今法国西部。

[5] 安茹也是旧地名，在今法国西北部。

来求学的学生们到了巴黎之后，先找到同乡。同乡们指示给他们道路：你们过“小桥”，到塞纳河的左岸去。那里，学术界的朋友多极了。

一个月过去了，两个月过去了，新入学的人渐渐变成了拉丁区里有充分资格的市民了。人们把大学生居住和读书的那个区域叫作拉丁区。

在法兰西，所有的人都说法兰西语。只有在拉丁区，主要的语言不是法语，而是拉丁语。所有的大学生——不论他是法兰西人、英吉利人、意大利人、日耳曼

人——都懂得拉丁语。

市民们侧目看学生们。他们不是本国人，而是从别的城市和别的国家来的外国人。而且他们的行为也很粗暴。在大街上或者在小酒店里，市民和大学生之间经常发生斗殴。

市长——商人或是工场的匠师——派遣卫兵去逮捕狂暴的大学生。但是大学生不是那么容易对付的，他们勇敢地自卫。同时他们根本不想认识市长，他们有自己的首长和领导者——巴黎圣母院的总长。

大学生和教师们瞧不起不识字的商人和手艺匠。难道无知的市民们懂得什么哲学、神学、法学吗？至于医学，能够把医生和理发匠相提并论吗？放放血，刮刮胡子——这些事，理发匠会干。但是他懂得盖伦[1]和希波克拉底[2]吗？关于这些医学之父的事情，他们连听都没听见过。

你随便问一个市民，谁是亚里士多德，他连这个问题也回答不出。

而大学生们却跟研究圣奥古斯丁[3]一样地在细心研究亚里士多德。

不久以前，人们还认为希腊的著作家都是恶徒。经过教会的判决，人们焚毁了从犹太文和阿拉伯文翻译过来的他们的著作。但是现在，人们差不多像敬重基督的先驱者一样地敬重亚里士多德。

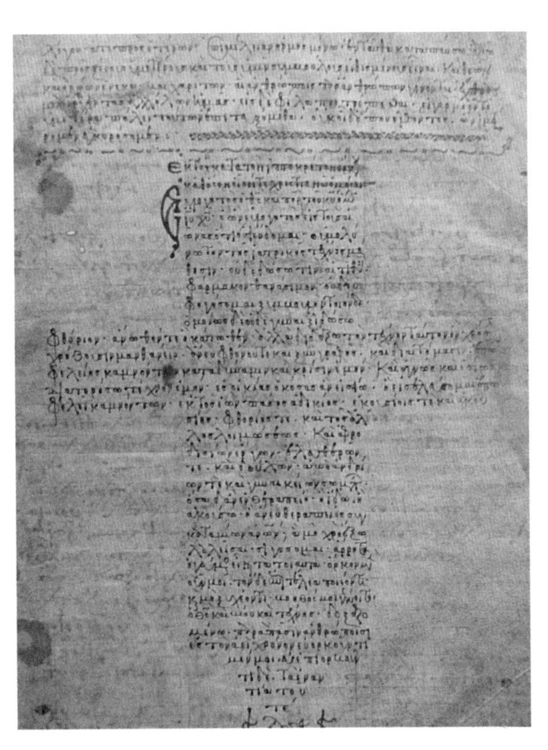

不错，亚里士多德是个多神教徒，但是他会思考，会替每一件东西找到适当的位置。而会思考就是件了不起的事情。

你试跟那些异教徒争论一下看，他们滋生得那么多！假如你不会驳倒他们虚假的学说，他们就马上把你迫入窘境，而且当着所有人的面取笑你。不但这样，

[1] 盖伦（129—199），古罗马医师、自然科学家和哲学家，继希波克拉底之后的古代医学理论家。

[2] 希波克拉底（约前460—前377），古希腊医师、西方医学奠基人。

[3] 奥古斯丁（354—430），罗马帝国时期天主教思想家。

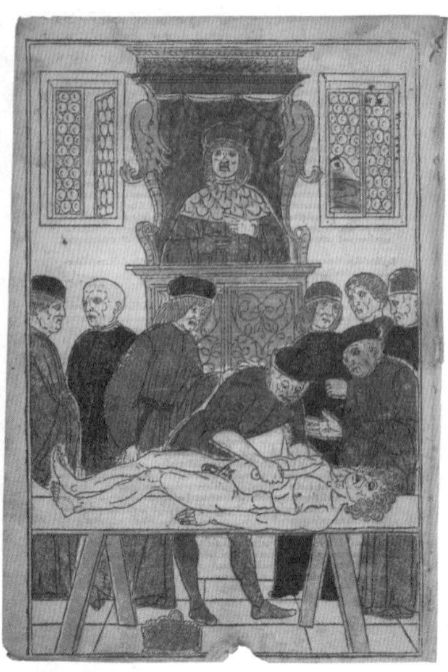

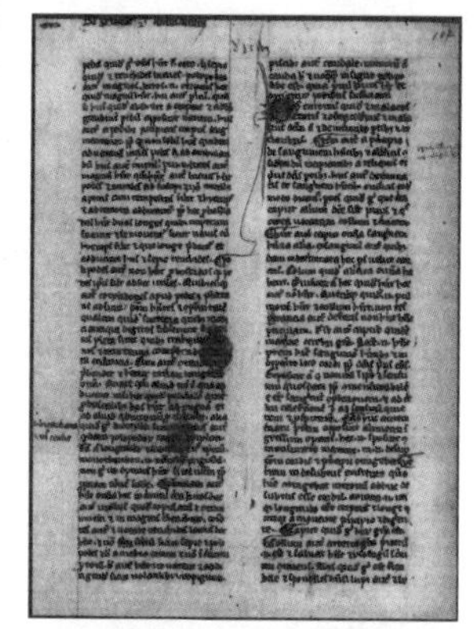

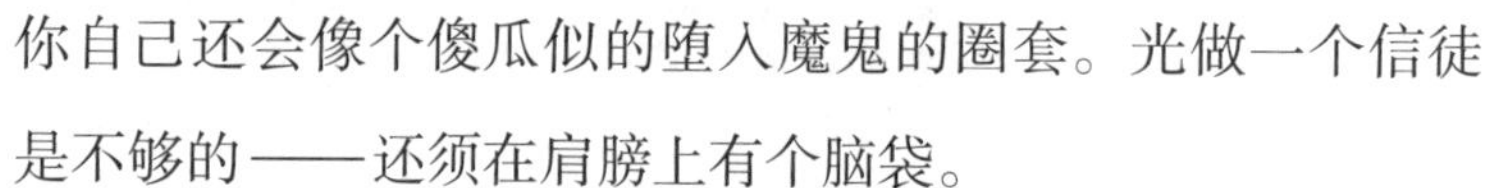

你自己还会像个傻瓜似的堕入魔鬼的圈套。光做一个信徒是不够的——还须在肩膀上有个脑袋。

人们像这样向前迈进了一步：他们曾经长时期被教导着盲目信仰，而现在他们开始重新思想了。

往后就很难停止了：哪里有论证，哪里就有争论，就有怀疑。

因此在那些盲目信仰的人和那些想用知识来检查一下信仰的人之间，斗争开始了。

有些人，像修道院院长克莱沃的贝尔纳[1]之类，用蜡把盖在僧侣头巾下面的耳朵塞起来。他们不愿意听见俗人的话。人们讲到克莱沃的贝尔纳的事情时说：有一次，他乘车路过日内瓦湖，他是那样沉浸在虔敬的默想里，竟看不见周围有些什么，当他听见他的旅伴们谈论什么湖的时候，竟惊奇得不得了。

他的眼睛是张开着的，但是它们看不见世界。

有的人，像年轻的教授阿伯拉尔，却想看见、听见和思想。在他们的眼前是广大的世界，而不只是一幅基督被钉在十字架上的图像，不只是窄小的僧房。

[1] 贝尔纳（1091—1153），法国神学家。

贝尔纳和阿伯拉尔的故事

贝尔纳控告阿伯拉尔是异端。阿伯拉尔要求法庭判决他们谁有理。

在指定开庭的那一天，两个敌人同时走进城：贝尔纳走进一个门，阿伯拉尔走进另外一个门。

全城的人都上了街。人群恭敬地让开路，为了放贝尔纳走过。他身穿一件粗糙的僧衣，低着头，徒步走着。

大家都仔细地瞧着他那被斋戒和少眠弄得憔悴了的脸，瞧着他那燃烧着专心一致的内心的火焰的眼。

人们小声讲述关于他所做的奇迹，关于他的预言的天才。

他有一个弟弟——一个勇敢的、漂亮的骑士。贝尔纳劝他削发为僧，但是这个青年不愿脱去自己亮闪闪的甲胄去换上僧侣的服装。贝尔纳看到无论用什么理由都没法说服，就把手指按在弟弟的胸脯上说："不久，长矛将穿过这里，给正直的意志打开一条道路，通向不肯服从的心。"果然，不久这个年轻骑士就在打仗的时候受伤了。在病床上，他立誓把自己献给神……

"他是圣人。"人群里的人们在谈论贝尔纳。

病人和残废的人挤向前去，跪倒在地上，恳求圣人祝福他们和治愈他们……

阿伯拉尔的名字大家也全都知道。全国的人都唱他献给爱洛伊丝[1]的歌。

据说，爱洛伊丝是他的学生。爱洛伊丝不像别的姑娘们只会纺线和绣花，她喜欢书籍。阿伯拉尔曾经跟她一起读圣奥古斯丁的著作、亚里士多德的著作、柏拉图的著作。他们的头经常俯伏在同一本书上。他们彼此相爱了。爱洛伊丝怎能不爱上

---

[1] 爱洛伊丝（1101—1164），中世纪法兰西才女和美女，曾和她的老师阿伯拉尔恋爱。

他呢？每当他被许多学生围绕着出现在街头的时候，所有的姑娘都渴望看见他。他生得漂亮而端正，他具有女人们所赏识的一切天赋才干：聪明，有魅力的口才，优美的歌喉。

爱洛伊丝的亲属得知了他们相爱的事情。

他们粗暴残忍地把阿伯拉尔和爱洛伊丝拆散了。阿伯拉尔进了修道院，并且劝爱洛伊丝做修女。不仅是进修道院，就是入地狱，她也会跟他去的：她那么深深地爱着他。

阿伯拉尔在修道院里也没有屈服，这个骄傲的人想用智慧来理解信仰。真是说出来都可怕：他断言神的儿子基督是不平凡的理性。

人们讲这件事的时候，带着恐怖的神情东张西望——说这种话是有可能被扔到火堆里去的啊。异端的话不仅不可以重复，连听都不许听。

群众喧哗了起来。所有人的目光都聚向被两排有尖屋顶的房子夹在中间的大街拐向城门的那个方向。

在人头的大海上面，已经看得见慢慢走近的骑马的人的端正体形了。

阿伯拉尔不像贝尔纳那样步行，而是骑着马。与其说他像僧侣，不如说他像个骑士。

老太太们画着十字，向后倒退一步。人群间发出了嘟哝声——像是憎恶，又像是赞叹……

两个敌人在教堂里面对面地相遇了。

低矮的屋顶下光线昏暗。从外面明亮的阳光下进来，很难立刻认出聚集的人们——穿着华丽的法衣的主教们和穿着暗色僧衣的僧侣们。

贝尔纳猛烈地、严峻地进攻。

他也像个骑士，和阿伯拉尔一样。

好像这不是教会法庭，而是“神的法庭”，是决斗。

贝尔纳把手伸向阿伯拉尔站的那个方向，叫他异端、说谎的人、多神教徒。

> 别忘了，你是跟你所尊敬的多神教的哲学家们一样的多神教徒！

他打开一个羊皮纸卷，开始在从狭窄的窗户里照进来的微光下朗读起来。

读了两三句，大家听出了：这是阿伯拉尔的著作《是和否》[1]。阿伯拉尔在他的著作里收集了他在教父们那里所发现的一切矛盾。

贝尔纳一面读，一面问道：

[1] 阿伯拉尔反对“实在论”，主张“概念论”，认为事物的“共相”不是独立的实体，而仅仅存在于人们的心里，是人们用来表示许多事物相似性和共同性的概念。他著有《是和否》一书，列举了许多互相矛盾的教父言论。他针对实在论者提出的“信仰而后理解”，提出“理解而后信仰”的论点，认为信仰不是盲从，而应建立在理性的基础上。在他的论道德哲学的《自知》一书里，他强调动机的好坏决定行为的善恶。但是他并不根本否定基督教信仰本身。

难道这不发出异端的恶臭吗?

贝尔纳把手伸向低低的教堂屋顶，唤神降怒在所有异端的头上。

贝尔纳的每一句话都在屋顶下回响。

但是阿伯拉尔用勇敢、响亮的声音打断了他:

我不承认你们的法庭！除了教皇，我不承认别的法庭。

他挺直了胸脯，骄傲地向教堂门口走去。

快点走到那里，走到太阳光下去，走到新鲜空气里去，走出这些像百岁老头儿身上的衣服一样发出臭气的石头墙壁！

法庭在被告缺席情况下做出了判决。阿伯拉尔被判作异端。

阿伯拉尔在修道院里。这个雄伟活泼的人像个被活埋的人一样关在窄小的僧房里，逐渐窒息，逐渐衰弱下去。一个可爱的声音从远方传到他那里。爱洛伊丝给他写信说，她热望把勇气注入他的心灵，恢复他从前的骄傲。但是她热情的恳求没有得到反应。在阿伯拉尔的回信里，除了服从和妥协之外，她没有找到别的什么。信跟那种渐渐凉下去的死尸一样冷。

骄傲被征服了，智慧被贬黜了，爱情被扼杀了。

为什么要把生活重担挑在肩上呢?

阿伯拉尔放弃了自己的学说，死去了。显然，一个人要反对自己的时代是很

难的。

过了许多年之后，人们把他的遗骨并排葬在爱洛伊丝的遗骨旁边——就像古老的故事诗里叙述关于不幸的情人们的结局一样。

他们在墓碑上刻上题词：

让他们从痛苦的工作和爱情中解脱出来而安息吧。

在那些把自己的心锁起来像锁起窄小僧房似的人们跟那些想看见、思想和恋爱的人们之间，就这样在进行斗争。在教堂里碰面的不是两个敌人而是两个时代：过去的和未来的。

虽然阿伯拉尔在临死前放弃了他的学说，他还是完成了他的任务……

岁月逝去。在历史的日历上已经不是十二世纪，而是十三世纪了。

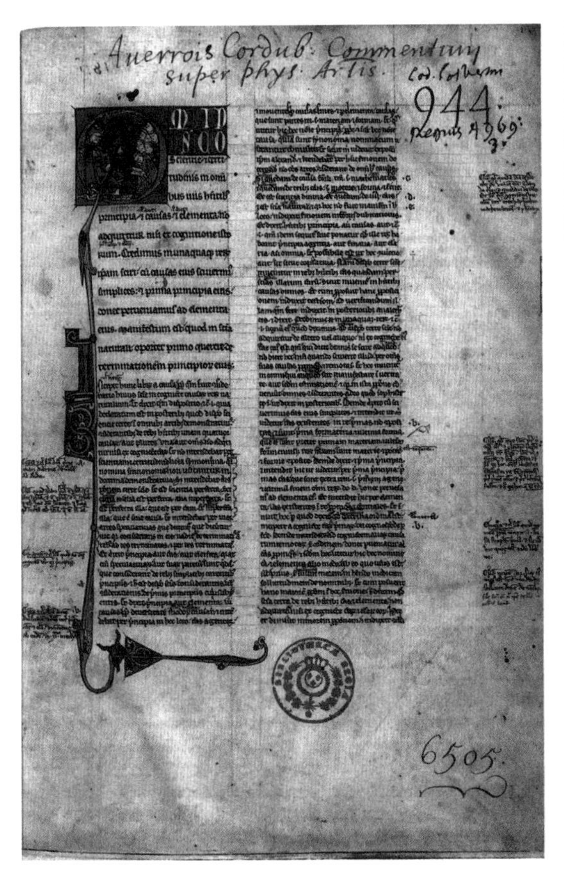
944
6505

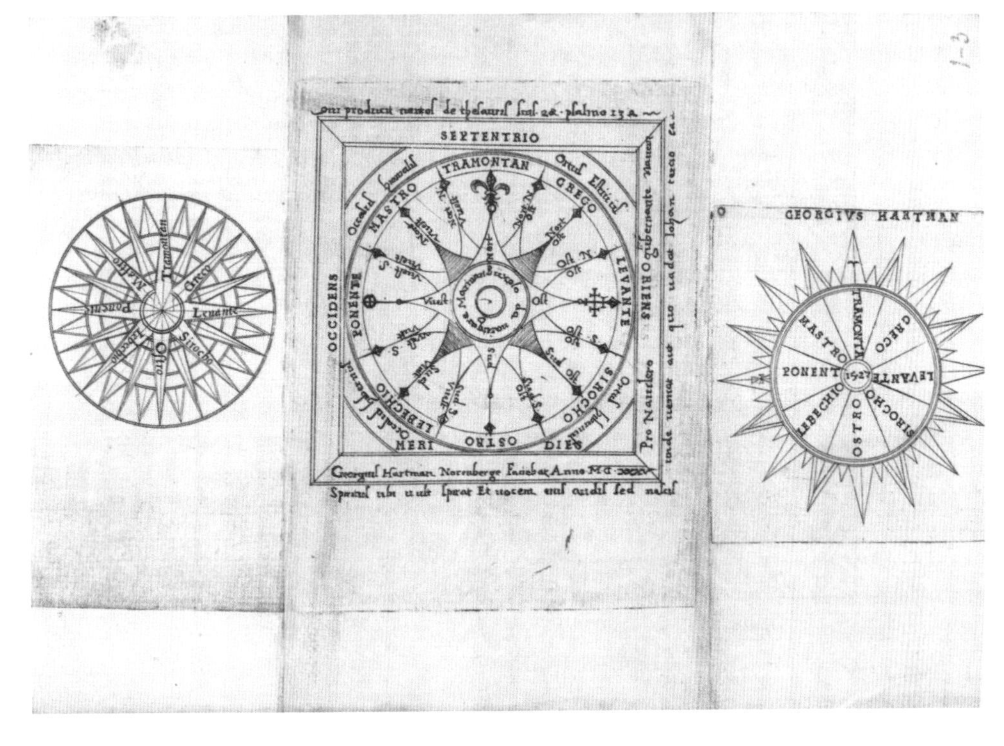
SEPTENTRIO
TRAMONTAN
GRECO
MASTRO
LEVANTE
PONENTE
OCCIDENS
SIROCHO
LEBECHIO
OSTRO
MERI DIES
GEORGIVS HARTMAN
TRAMONTA
PONENT
LEVANTE
SIROCHO
LEBECHIO
OSTRO

在巴黎大学里，所有的人的嘴边都挂着一个新的人名：阿尔伯特[1]。当大阿尔伯特授课的时候，最大的讲堂都容纳不下听讲的人。

人们一般只在最好的君主和将军的名字前加个“大”字。但是这一次，人们把“大”字加在学者的名字上了。人们认为“全能的博士”大阿尔伯特是魔术家。他在实验室里研究金属的性质，他知道哪些金属能在硝酸里溶解，哪些能和硫黄化合。

他观察天，发现银河是许多恒星的聚集。

在他的仪器中间，已经有了从东方来的指南针。他的桌上堆满了阿拉伯、犹太和希腊的手抄本。

[1] 大阿尔伯特（1193 或 1206 或 1207— 1280），中世纪德意志经院哲学家、神学家。他反对当时的阿威罗伊主义，著有《神学大全》等。

他撰述论野兽、植物和星宿的著作，但是在这些著作里，旧神话还是比新知识多。

他竭力称赞亚里士多德。

他心中的亚里士多德差不多像个僧侣。中世纪的艺术家们就像这样用僧衣打扮生在基督前很久的人们。

但是无论怎样，“全能的博士”大阿尔伯特已经在试图把科学的领域跟宗教的领域分开了。

在他的学生中间，有一个特别细心研究亚里士多德的人。

这个学生的名字叫作托马斯·阿奎那[1]。

他看见亚里士多德是多么有威望，因此想把这个大哲学家拉到教会这边来。为什么要把这样的一个同盟者留给异端，留给不信神的阿威罗伊的门徒们呢？

亚里士多德曾统一了全部古代的多神教的科学，托马斯·阿奎那想依靠他建筑起包括一切的中世纪天主教科学的大厦。

他写了一部巨著来答复所有的问题，根除所有的怀疑。

[1] 托马斯·阿奎那（1226—1274），中世纪神学家和经院哲学家。他运用亚里士多德形而上学的基本范畴“有”和“本质”来说天主是“自有、永有的”，以万物应有“第一推动力”的说法来论证天主的存在。他的主要著作有《反异教大全》和《神学大全》。

什么是精神和物质？什么是理智和感情？神怎样创造了世界，他又怎样管理它？谁是魔鬼？哪一些鬼神从属于他？天使们吃不吃东西？他们睡不睡觉？

在托马斯·阿奎那的著作里有成百条这一类的大大小小的问题。他对所有的问题都做了正确的解答。谁的想法不同，谁就是异端。

从前有过一个时期，神学家们否认人类理性的权利。

托马斯·阿奎那不是这样的人。他不排斥哲学。但是他想让它为教会服务，想让它成为向异端斗争的武器。

人们把他叫作“天使般的博士”。

但正是这个“天使般的博士”要求把异端处以死刑：“如果世俗的君王们在用死刑处罚铸造假币的人和别的恶棍，那么，异教徒只要被揭露出异端的罪证，把他们处以死刑该是更加公正的。”

砍掉怀疑的人的头——这就是托马斯·阿奎那的劝告。但是，如果他认为斧子是最可使人信服的论据，那么，他显然不太相信自己论证的力量。

即使这样，在欧洲，敢于怀疑和思想的人还是一年比一年多起来。

在十三世纪，方济各派[1]的僧侣罗杰·培根说道，知识就是力量，没有任何比科学更有价值的东西了：它驱逐无知的黑暗，它把世界导向幸福[2]。

培根已经不光是思考了，他用实验来检验知识。知识是不能离开实验的。

[1] 方济各会，是十三世纪意大利人方济各（约1182—1226）所创。这一派的僧侣麻衣赤脚，周游各地，宣传“清贫福音”。

[2] 罗杰·培根曾经企图寻找能使一切金属变成黄金的所谓“哲人石”，也做过许多有价值的科学观察和实验，并且设想眼镜、望远镜，显微镜、飞行机器等的发明，主要著作有《大著作》。但是“知识就是力量”这句话是另一个英国人、哲学家弗朗西斯·培根（1561—1626）提出来的。

读者进了魔术家的塔

培根在他牛津郊外的塔里消磨整夜。

行人胆怯地瞧着它狭小得跟枪眼一样的窗口。那里，夜间忽然燃起红色的火焰。有的时候，周围的土地由于重浊的爆炸声而震动起来。

他在自己的塔里研究什么呢？

整个宇宙。

他想洞察物质深处，也想升上天去，察知星星是什么。

在他的桌子上，放着阿拉伯和希腊的手抄本，放着凹面镜和凸面镜，小小的玻璃透镜。

他拿起一片凸玻璃看书里的字母，一会儿把它举近一些，一会儿又使它离眼睛远一些。

那时候，眼镜还没有发明，显微镜更是谈不到。

但是罗杰·培根已经知道玻璃的奇妙作用了。

他拿了一支鹅毛笔，在羊皮纸上写着：

> 假使我们的观察所透过的物体不是平的，那么根据它是凸出的还是凹进的，结果就不完全一样。可以把它做成这样子：使大的东西显得很小；以及相反，使小的东西显得很大，使远的东西显得很近，使隐藏着的东西可以看得见。

> 我们甚至可以使太阳、月亮和星星都好像变低了些，还可以做许多这样的事情，不懂得的人们会拒绝相信。

他已经站在看不见的世界的门口了。

再差一点，在他的前面就要显现出人类的眼睛还从来没有看见过的事物了。

“但是眼睛是什么东西呢?”他问自己。

视觉的秘密是什么呢?

他拿了一柄磨得很快的刀，戳进了牛的眼窝里。他仔细瞧看那个反映出世界的、奇怪的眼球的构造。

他拿起笔来，在自己的书里写着：

> 视觉不是由眼睛而是由神经来完成的。

人们过了很久以后才明白脑子是什么。但是培根已经知道，动物不仅用眼睛看，而且用脑子看。

眼睛像这样研究眼睛，而脑子也开始研究脑子。

那么光是什么呢?没有光就不会有眼睛，没有光，世界就会是看不见的。

培根在一个小孔前竖起了三支蜡烛，看这三道光怎样经过一个点彼此互不妨碍地射过去。

他用太阳光燃烧木头，研究在镜子里反射的光的途径。

他像一个杂技演员似的拿光来玩儿，想明白光是什么，虹是什么，蜃景是什么。培根想，蜃景不是魔鬼的诱惑，假如追踪光的途径，就能够合理地解释它。

培根在窗口停住脚步，眺望那些在天空中像淡蓝色、红色、白色的火花般闪烁着的星星。他的目光从这一个星座移到那一个星座，像走在熟悉的小路上。

他已经知道了地球和整个宇宙比起来是多么渺小。他测量了太阳——它比地球大许多倍。在他的什么都想知道的目光下，银河分散成许许多多星星。

像这样，在科学家的眼前，出现了明亮的、充满了光的、七色的宇宙。人们也像叫大阿尔伯特似的，叫他魔术家、魔法师。但是他比任何人都不相信魔术的奇迹。

而且有哪一种魔术能够创造出充满世界的这些奇迹呢？

难道能看东西的眼睛、能听声音的耳朵、自己有能力创造奇迹的词，不都是奇迹吗？

他一页一页地认真翻阅自己的手稿。标题页上写着书名：《大著作》。

是的，这是包括所有科学的巨著。假使人们想取得他在自己著作里那么慷慨赠予的东西，在他们的面前就会显露出许多大秘密。

但是也有一些应该隐藏的秘密。

培根的眼睛停留在一个字谜上，这个字谜里用秘密的暗号藏着他所发明的事物中的一种。

有一次，当他做实验的时候，他混合了硫黄、硝石和木炭。混合物喷发出了火焰，可怕的爆炸声震撼了地面。不光是坩埚，连整个炉子都炸成了粉末。他好不容易拾得了一条性命。

他从物质深处唤出了破坏者恶魔，自己也被它吓了一大跳。他把自己的新发现隐藏在字谜里，希望最好谁也不知道这件事。

但是一种事物到了要出现的时

候，任何秘密符号、任何字谜都不能把它隐藏起来。

当培根默想起自己那些可怕的新发现的时候，他简直意想不到，在世界的另外一头——中国，已经发明火药了。阿拉伯人将把它从东方运到西班牙，而大炮开始轰响的时刻也不远了。

人终于在小世界的深处，找到了命中注定反对自己主人的破坏力。

人问星

罗杰·培根远远地超越了自己的时代。

他眺望未来，已经看得见空中飞翔的机器、海上不用桡手的大船、陆地上奔驰的不用马拉的车子。

但是他毕竟还是自己那个时代的人。

他的塔是占星术士的观象台、炼金术士的实验室。

他混合各种金属，是为了寻找“哲人石”[1]，他判断行星的位置，是为了占知人的命运。

他想，世上的一切都是彼此有联系的。世界是个伟大的整体，看不见的线从天体连到地球。难道月亮不是在引起大海里的涨潮

[1] 一些炼金术士幻想有一种物质，加入以后能使贱金属变成贵金属，他们管这种物质叫“哲人石”。

和落潮吗？难道太阳不是在给予树木和百草生命吗？

我们现在也像这样想。

我们知道，地球是宇宙的一部分。假使太阳不把自己的光送给它的话，它上面就不会有生命。而且不仅是地球把人向它自己那里吸引，所有的天体也把人向它们那里吸引。地球比较近，因此它胜过别个。

光和万有引力结合成一个伟大的整体物质，分散在整个宇宙空间。

我们这样想。但是在罗杰·培根的时代——十三世纪——人们还不知道万有引力，不知道光的性质。

那时候的人只是模糊地认识到万物的联系，于是他们就觉得星的命运应该跟人们的命运联系在一起。

培根在羊皮纸上画了一个正方形。他在这个正方形里另外画上一个比较小的正方形。又用斜线把两个正方形之间的空白分成十二个三角形——十二宅。

在每一宅里，他画上一个星座的记号。天平是天秤座，两条鱼是双鱼座，弓和箭是人马座[1]。

宅的数目正和黄道十二宫[2]的数目一样多。

他把正方形中间留空。他想知道谁的命运，就把谁的名字写在它里面。

然后他在名字下面写上其出生的年月日。

为了要知道命运，应当计算出哪些天体曾经在新生小孩的摇篮上空照耀。

天体不是老待在一个地方不动的。太阳、月亮、行星都不断地在天空中运行，从黄道中的一宫走到另一宫。

每一个天体都有它自己的特性。

月亮是冷而惨淡的，它对人们不吉利。

淡蓝色的金星和鲜明的木星给予幸福，血红色的火星和苍白色的土星预告悲哀。

---

[1] 人马座的拉丁名称原意是弓箭手或射手。

[2] 黄道是地球上的人看太阳一年里在恒星之间所走的路径。古人为了表示太阳在黄道上的位置，把黄道分成十二段，叫作黄道十二宫。春分太阳在白羊宫，以后依次进入金牛、双子、巨蟹、狮子、室女、天秤、天蝎、人马、摩羯、宝瓶、双鱼等宫。过去的黄道十二宫和黄道十二星座一致。但是由于春分点向西移动，两千年前在白羊座里的春分点现在已经移到双鱼座，因而现在的白羊宫实际上在双鱼座的位置上，其余的宫名和星座名也都不吻合。

行星的路径会合了又分开。

如果最大、最有力的行星会合在一宅，这预告了惊人的、奇怪的事件：王权的颠覆，先知的到来，时疫的流行。

人的每一行动都是由天体运行预先确定的。

医生在给病人开处方之前，先跟星商量：双子宫是管手的，白羊宫是管头的，双鱼宫是管脚的。假使月亮在双子宫里，就不可能把扭脱了关节的手整治好。应该等候比较好的预兆。

炼金术士在开始工作之前也研究星：水星是管水银的，月亮是管白银的，太阳是管黄金的，土星是管铅的。

假使太阳“患病”，假使它在有敌意的行星的宅里，那么工作就不会顺利地完成。

假使它一直在正对着阴郁的土星上升的话，这种对立就预告更大的不幸。

假使木星在附近的话，它能够救助一切。它将解太阳之围，把太阳从牢狱里放出来……

国王们、将军们、航海家们都跟占星术士商议事情。

每一个国家都有自己的行星。土星统治印度，木星统治巴比伦，水星统治埃及。

这一夜，培根想察知谁的命运呢？

他向星发问，不是问人的命运，也不是问国家的命运，是问宗教的命运。

他相信，天体也能把宗教的命运讲给他听。

统治犹太人的是土星，统治撒拉逊人的是金星，基督教是在木星和水星会合的时候产生的。木星是给予幸福和威力的。

直到黎明，培根还在计算行星的路径。

他的手在画圆圈和记号，思想却飞到离故土很远的地方。他鸟瞰整个大地和所有的人民。他到处都能看见无法无天、残暴和不公平行为。

公爵们、男爵们、骑士们互相迫害，互相掠夺，用没完没了的战争和苛税使臣民陷于贫困。他们喜欢把别人的财物——整个的公国和王国——占为己有。

人民憎恨王公们，只要有可能，他们就起来反抗。

商人的每一句话都是撒谎和欺骗。所有的神职人员耽于骄傲、奢侈、贪婪。巴黎和牛津有学问的僧侣用争斗和放荡使非教会的人迷惑。主教们贪得无厌地敛财，不管人家委托他们拯救的灵魂。狡诈的刀笔吏们用诽谤去毁灭无辜的人们。骄奢淫逸使教皇的宫廷腐败，那里，傲慢恣肆，贪欲盛行。连神圣的皇位都变成了欺诈和谎言的胜利品。

摇晃的烛焰照亮了培根脸上的皱纹和严肃地蹙起的眉头。

这个身穿方济各派僧衣的人，曾经多少次抑压不住愤怒，向那些不愿意听见真理的人说真理啊！难怪方济各教团的教团长约翰·博纳文图拉那么不喜欢他。人们认为罗杰·培根是巫师，是妖术家！

他躺下去睡觉的时候，也不能确定明天会不会被关在监狱里……

计算终结了，它们得出了可怕的结论。

培根把行星记号写进三角形的宅里。月亮和木星出现在同一个宅里了。这是室女宫的宅，是水星的宅。

室女宫管心，水星管基督教。两个大天体——阴郁的月亮和强大的木星——在水星的宅里会合，表示信仰在人类心灵里必然毁灭。

“在这种堕落和耻辱的时代，难道还可能不这样吗！”培根想。

窗外已经天亮了。牧人赶着一群牲畜，经过塔在路上走着，把鞭子在沾满露水的草地上抽得噼啪作响。他好奇地回头瞧着从晨雾里显露出来的魔术家的黑塔。

假使牧人知道塔的主人昨夜曾经跟星谈过什么话，他会怎么说呢？

读者遇见天主教僧侣的仆人，听他讲故事

培根不仅是个占星术士。

他也是个炼金术士。

他跟许多别的炼金术士一样，想在蒸馏器底找到金矿。

谁找到“哲人石”，谁就将发明把铜和铅变成黄金的方法，谁就将做世界的主人。但是不是贪欲、不是对于世俗幸福的留恋在支配培根。引诱他的是奇妙变化的秘密，小世界的秘密。

别人找黄金是为了黄金本身。

世界还是剑和十字架在统治着，但是黄金已经在争夺它们的权势。

国王们和教皇们常常向高利贷者卑躬屈膝，为了装满空空如也的国库，不惜用自己的王冠作抵押。

每个国王都任用了一个炼金术士。国王向自己的将军说：

> 你再稍等一会儿，我的炼金术士马上就要找到哲人石了。那时候，我用名誉担保，所有的士兵和

所有的军官都会领到用炼金术造出来的叮当发响的黄金发下来的双薪。

很少有谁能够窥探炼金术士的实验室。而且也不是每个人都能下决心去跨过它的门槛。

假如不是有一个研究炼金术的天主教僧侣的仆人常常为了自己的苦命而发牢骚的话，我们永远也不会知道，那里面在干着什么事情。

英国诗人乔叟[1]偷听到了他的牢骚，就记进一部叫作《坎特伯雷故事集》的

[1] 乔叟（约1340—1400），英国诗人，代表作《坎特伯雷故事集》，写一群到坎特伯雷去朝圣的人在旅途上轮流讲述故事，生动描绘了十四世纪英国的社会生活，刻画了各阶层的人物形象。

书里去。

下面的事情就是仆人讲给他听的：

我在天主教僧侣那里住了整整七年，但是他的艺术我始终也没有理解。从前我总是穿着崭新漂亮的衣服，保持很好的外貌。而现在呢，我差不多要把袜子套在头上了。从前我是满脸红光，现在的脸色却是和铅一样苍白了。

瞧瞧，炼金术是多么坏的东西！

这个骗人的法术把我收拾得简直一无所有了。谁看看我，谁就赶快警惕吧。这个法术会使每个对它入迷的人完全破产的。我对天发誓，他会弄到他的钱包空空如也，他的脑袋也空空如也。那时候，他又要煽惑别人，叫他们也去研究炼金术。因为凡是不道德的人，把自己近身的人投入悲哀和厄运，是会感到喜悦和愉快的。一个有学问的僧侣曾经这样对我说。

不谈这个了。现在我给您讲讲关于我们的工作吧。当我们要着手干那鬼事情的时候，我们就好像是些了不起的有学问的人，因为我们是用那么有学问的语言说话啊！我吹火吹得心都几乎要炸了。

我不预备讲我们用什么样的比例来配合工作中所用的物质：白银、烧过的骨头、铁屑。我不预备解释我们怎样把它们研成粉末，放进黏土制的容器里，再撒上盐和胡椒，用玻璃钟罩扣在容器上，以及干的许多别的事情。值得讲这些事情吗？我们这番忙乱劲儿反正什么也干不成功。我们的劳动是白费了，金钱是以最见鬼的方式消失了。

还有需要我们打交道的许多别的事情。我不能把它们按着次序列举出来，因为我是个没念过书的人。我怎么想起来，就怎么叙述它们吧。

这里有铜绿，有青金石，有硼砂，有各种各样玻璃和黏土制的容器：尿壶、管形瓶、坩埚、升华器、长颈瓶、蒸馏器和其他各种设备。这一切都不值得一一列举。对这种工作，谁也不会给一枚钱的。而且假使全都讲出来的话，那么，连像《圣经》那样最厚的一本书都写不下。

然而，最要紧的东西我却忘了讲——关于哲人石，也叫炼金药。我们所找的就是它啊。但是对天发誓，尽管我们这样努力，却一次也没有看见过它。

虽然这样，希望还是没有离开我们。我们很不好受，但是仍期待着，有一天我们会得到快乐。为了这种期待，人很固执。我先告诉您：假如您开始探求哲人石的话，您就不会放弃这件事。所有的炼金术士都是这样的。假如他们一无所有只剩下夜里用来遮体的衬衣和白天穿的破斗篷，他们也会把它们卖掉，把钱用在自己的事业上。他们冷静不下来，直到什么也没有了为止。

无论他们走到哪儿，每个人都能从他们绽开了线的衣服，还有硫黄的气味，认出他们来。这个气味非常冲鼻子，隔开整整一英里远都可以闻见它……

闲话少说，言归正传。

把装着各种金属的容器放在火上之前，我的主人拌和它们，他自己拌和，不用别人。

大家都说，他是个有学问、有经验的人。

尽管这样，结果容器还是常常炸得粉碎。

那时候，再见吧，里面的一切！这些金属里面的力量大得甚至能穿过石头墙壁。一部分和土掺混到一起，一部分飞散得满地都是，有一些斑斑点点留在天花板上。

虽然像这样的敌人从来没有出现在我们的眼前，但是我相信，它这捣蛋鬼那时是在我们之间转悠的。于是口角、争吵、叱责就开始了，恐怕魔鬼当家和发号施令的地狱也不会比它更糟了。

每个人都骂别人，怪别人。

一个人说：

“火吹得不好！”

这跟我有关系啊，因为火总是由我来吹的。

另外一个人大叫：

“我们是群没有头脑的傻瓜、笨蛋！混合物配得不对！”

第三个人尽力想让喊声压过别人：

“等一等，听我说！根本问题在于我们在烧槲木，原应该烧山毛榉木的。真的，原因就在这里！”

最后，我的主人打断了争吵。

“唉，”他说，“发生了什么事，就是什么事。我想，原因在于曲颈甑上有一道裂纹。但是无论怎样，我们也不要丧失勇气。现在你们快把地板扫一扫，打起精神，高兴起来吧。”

我们把垃圾扫在一堆，地板上铺上一条手帕，把杂屑放在筛子里，筛了好久。

“真的，”某一个人说，“你看最后还是剩下了一些，虽然不是全部。这一次我们没有成功，也许下一次事情会顺利一些。让我们再冒一次险吧。商人的货物有时候也会沉入海底啊。可是有时候大船也平安地开到岸边。”

“别说了！”我的主人打断他的话，“现在我努力想法子按照一个全新的方法来进行工作。假使我达不到目的，那时候你们骂我好了。以前我们犯了一个错误，我已经察觉出来是什么样的错误……”

这时候某一个人又重新开始反复地说他自己的话：

“火太大了……”

我也不知道火大还是火小，反正我们的事情结果总是糟糕的。

我们总是达不到自己的目的，但还是像些疯子似的继续胡来。

当然，这个坦白的仆人所讲的故事是可笑的。

但是我们这个时代的化学家们，谁不能在这些从早到晚在火上熔化些什么、煮沸些什么、搅和些什么、研碎些什么、测量些什么、称些什么的人中间，认出自己来呢！

虽然有各种通风器具，却仍旧经常充满有毒蒸气的空气，令人难以呼吸。眼睛由于火和烟而红肿流泪，手被灼伤了，工作服被各种酸腐蚀了。

但是人们还是不急于跑出实验室，到新鲜空气里去。

现在的化学家也有挫折，他们的坩埚和曲颈甑也常常炸粉碎。有的时候，一刹那间发生的爆发毁坏掉许多天来辛苦工作的果实。

人精疲力竭地回到家里去。但是第二天早晨，他又在他的岗位上了——在摆满了透明的蒸馏器的黑色工作台前。

究竟是什么东西引诱化学家到实验室里去呢？

就是曾经支配过炼金术士的那种同样的研究热情。

让炼金术士去追逐幻影吧！这个幻影像诱饵一样把他们引入了神秘的分子世界，里面藏着能穿透石头墙壁的未知的力量。

进入了这个世界之后，人就会不由自主地接二连三发现新事物。

整个炼金术都是个错误，但是错误是走向真理去的阶梯，后来从炼金术产生了化学。当科学家们终于明白了根本没有哲人石，铜在他们的烧瓶里永远也变不了黄金，他们依旧没有抛弃自己的烧瓶和曲颈甑。

他们已经知道，物质的小世界是多么奇妙，他们不想再离开它了……

第五章

人面临危机

当西方的第一批大学生在听第一批教授讲课的时候，当最早的炼金术士在最早的实验室的烟雾里工作的时候，东方正在进行一场决定人类命运的大规模战争。

在巴黎，高塔已经耸峙在林立的塔尖、风信标和尖屋顶的上面了。在俄罗斯土地上，宏大的教堂已经有精巧的石刻引起人们赞叹了。

而在遥远的东方——在中亚细亚的沙漠和草原上——人们却还住在毛毡的帐幕里。

他们不播种谷物，没有房屋。他们一生都住在自己安在车轮上的住所里，在大草原上过着游牧生活。

当游牧民赶着牲畜群走在草原上的时候，成千只车轮的轧轧声和咯吱声压倒了赶车人的喊声。

在周围很远的地方都听得见马蹄声和马嘶声，活像整片地区都要搬到别处去了。

在他们走过之后，剩下来的只是一片挖掘得坑坑洼洼的白地和烧焦的废墟。青草被牛羊群和马群啃完了，村庄和城市被蹂躏了、破坏了。当地的主人们许多年来所积蓄的一切东西，都被那些游牧民装在有篷马车里带走了。主人们也不见了：有

的被打死，有的被俘虏做奴隶。

这个泛滥了的游牧民族像波及全世界的洪水般淹没了大地。

它突进了中国的境界，它淹没了中亚细亚的城市和绿洲。它迫近高加索的雪山，在格鲁吉亚的盆地和峡谷泛滥开来。它突破黑海的草原，它冲到了匈牙利，冲到了亚得里亚海沿岸。

这究竟是怎么发生的呢？自古以来住在蒙古草原上的游牧民族怎么会出发去征服附近的农业国家呢？

这是在蒙古民族被一位智勇双全的领袖成吉思汗[1]统一成为一个强大的游牧帝国的时候发生的。

---

[1] 成吉思汗（1162—1227），即元太祖，名铁木真。他统一蒙古诸部，1206年被推为大汗，称成吉思汗，建立了蒙古帝国。

成吉思汗和他的将军们征服了北中国、东土耳其斯坦[1]、中亚细亚，并且侵入了外高加索和欧洲东部。成吉思汗在1227年死去以后，他的继承者继续西侵。

全世界都恐惧地注视着游牧民族的迅速推进。

罗马教皇决定派遣使节到大汗那里去，举行友好的和平谈判。

三个僧侣——意大利人普兰・迦尔宾[2]，捷克的斯提文和波兰的木尼提克——启程了。他们骑马在森林和草原间走了一百零六天，渡过了第聂伯河、顿河、伏尔加河，走到了中亚细亚的沙漠。他们一路上时时经过被游牧民族毁灭了的地方。道旁的草丛里乱抛着骷髅和白骨。甚至在很大的城市里，都很难给自己找到一个歇脚的地方。曾经有过几百所房子的那些地方，现在只剩下几十所房子了。

好不容易，他们到了大汗的营帐。

罗马教皇派来的三个使节，混杂在从亚洲各个角落来向大汗宣誓效忠的四千个使节和首领中间，辨别不出来了。营帐的中间建着一个很大的帐幕。每天早晨有两千人集聚在这个帐幕里。

第一天，大家都穿白衣服，第二天，都穿红衣服，第三天，都穿蓝衣服。使节们坐在地毡上，喝马奶，等待大汗出来。所有的目光都注视着那道只有他一个人有权进出的门。好不容易，他在用大红扇子为他扇风的许多随从护送下出现了。

[1] 东土耳其斯坦指我国新疆的西部和南部地区。

[2] 普兰・迦尔宾（约1182—1252），方济各会会士，于1245年由罗马教皇英诺森四世派往蒙古，带有教皇致蒙古汗书，次年抵达伏尔加河旁的拔都（成吉思汗的孙子）帐，更东行，到达喀拉和林附近，谒见当时的大汗贵由，旋携贵由汗答书西归，次年返抵欧洲向教皇复命。

成千的人于是都跪倒在他的面前。

好像全世界都情愿屈膝在大汗面前似的。

大汗叫罗马使节们等了很久才接见他们。最后，他交给他们一封用阿拉伯文、拉丁文和蒙古文写的信。显然，大汗是不缺乏各族翻译的。

大汗在他的信里向教皇说："你应该亲自率领所有的国王到我这里来，宣誓向我效忠，并且表示敬意。那时，我们就接受你的归顺。否则我们将认为你是我们的敌人。"

僧侣们带着这样的答复，踏上那遥远的、五千公里长的归途。

世界面临可怕的危机。过去跟现在开始了斗争，游牧民族跟定居的农业民族开始了斗争。

而更糟糕的是，这些蛮族已经从中亚细亚的民族那里学来了他们从前不熟悉的战争技术。

接近城墙的时候，他们把攻城器械拉到前面去。抛石机抛出的巨大的石块，像从投石器放出的小石子一样，落在被围的人们头上。装着燃烧着焦油的瓶罐飞过城墙，点着房子。破城槌的沉重杵木撞向包着铁皮的城门。

游牧民族陆续拿下一座又一座的城池，继续前进。

假使他们占领了整个欧洲，那时会是什么情形呢？

世界会被抛回去很久。

游牧民会把最有名的城市变成废墟。人类所曾经夸耀过的一切——书、画、雕像——都会在烈焰中毁灭，涂着彩画的玻璃窗会被打得粉碎，骑士们会在巴黎教堂的圆拱顶下喂自己的马……

但是在游牧民的大海泛滥的途中，一道堤防竖起来了。

鞑靼人的槲木制成的破城槌像巨浪似的撞打俄罗斯城市的城墙。

石头城墙倒塌了。可是只过了一夜，在它们后面又竖起了新的——用圆木和木桩建造的墙。

每一座城都起来抵御，成了鞑靼人前面的障碍物。整个俄罗斯土地成了阻挡游

牧民族大海泛滥途中的堤防。

假使这道堤防上没有缺口，它就抵御得住冲击。

不幸的是，那时候的俄罗斯人还不是坚固地团结在一起的民族。

当1223年在卡耳卡河[1]上一些王公正跟敌人交战的时候，别的王公却在高地上按兵不动，袖手旁观鞑靼人的马队怎样践踏俄罗斯战士们的尸体……

遍地燃起了大火，刺鼻的烟和焦味从东方逐渐蔓延过来。不是一所房子在燃烧，不是一座城市在燃烧，而是几十座城市在燃烧。

游牧民的大海冲破了堤防，在俄罗斯人的、波兰人的和捷克人的土地上泛滥。

捷克人保卫住了自己的国土[2]。祖国的山在帮助他们。鞑靼人的草原马队不习惯于在丛山巉岩间作战，而且他们之前在俄罗斯土地上打仗的时候已经被大大削弱了。

可是就在这个时候，瑞典人和日耳曼人又从西方来攻击俄罗斯人。俄罗斯人曾经用胸膛抵御游牧民族，防护了欧洲，从西方来的邻人却从背后刺了一刀。

俄罗斯人必须赶到涅瓦河畔去抵抗瑞典人，又必须赶到楚德湖边去歼灭日耳曼的骑士们[3]。

可是他们没能把鞑靼人赶回亚洲去。

俄罗斯人已经完成了自己的任务：游牧民族被阻止住了，鞑靼人已经没有力量再向西进军了，而且他们也不敢把反抗的、不顺从的俄罗斯留在背后。鞑靼人不再往前走了，但是俄罗斯人的艰苦日子来临了。许多城市只剩下一片废墟，那些逃得

[1] 卡耳卡河在今乌克兰境内，注入亚速海。

[2] 1241年6月，蒙古军进入捷克境内，遭到捷克的顽强抵抗。捷克军在奥洛摩茨城外突袭蒙古军，取得胜利。

[3] 1240年7月，瑞典军在涅瓦河口附近登陆。诺夫哥罗德公爵亚历山大·雅罗斯拉维奇（约1220—1263），在涅瓦河畔打败瑞典军，得名“涅夫斯基”。涅瓦河激战才结束，日耳曼骑士团又侵入俄罗斯。亚历山大·雅罗斯拉维奇率领各地援军，于1242年4月和日耳曼骑士在楚德湖的冰上发生激战，打败日耳曼骑士团。

了性命的居民躲到森林里，从前被人伐掉的森林如今却反攻起开垦过的田地来。幼小的绿色树苗在村庄街道的火烧过的黑迹中间生长起来，森林里的野兽开始在不久以前还住着人的地方当起家来。

历史大钟的指针好像转回去了。

不久以前，编年史作者还说："书是供给全世界的河流，是智慧的泉源。书里有无限深奥的道理，我们在悲哀的时候，可以从它们那里得到安慰。"

如今，俄罗斯人的悲惨年月来临了。人们尽力想把自己的书——自己的安慰，从敌人手里抢救出来。当敌人迫近时候，他们把书籍从全城以及附近的村庄拿到石头造的教堂里去。

这些每一页都闪着金光、发着紫光的手抄本，过去曾经多么被人们珍爱啊！人们曾经保护它们，不使它们受到一点抓伤，用覆着皮子，有小铜片和铜角、有扣和锁的坚固书皮把它们装订起来。

现在，这些宝贵的书籍一堆一堆地乱丢在教堂的石头地上了。

但是在这里，火也常常赶上它们。那些由誊写僧涂饰得五颜六色的书页，在一瞬间就卷成一个卷儿，冒出深暗的、青紫色的火光来。

知识的河流变浅了，智慧的泉源干涸了……

不过俄罗斯人记得自己的过去，而且相信未来。

在北方的森林里，我们所不知道的诗人在写出赞扬祖国的诗。

这首叙述俄罗斯土地所遭受的灾难的歌，叫作《俄罗斯土地毁灭之歌》。

只有前面的四十五行传到了现代。这些诗句里充满了对于祖国的爱，对于祖国力量的自豪与信心。

下面就是那四十五行诗——从第一行到末一行。

啊，被光辉照耀着、被装饰物点缀着的

俄罗斯土地！

你有许多美好的地方叫人赞叹：

你有许多湖泊叫人赞叹，

有受崇敬的江河和泉井，

有陡峻的山、高耸的丘陵，

有美好的林中空地、广大的森林，

有形形色色的走兽、无数的飞禽，

有伟大的城市、值得惊叹的村庄，

有修道院的庭院、教会的殿堂；

还有严厉的王公、可敬的波雅尔们，

有许许多多显宦大臣。

这一切你全有，俄罗斯土地啊，

啊！信仰正教的基督徒啊！

从这里到乌古尔人和里亚赫人[1]，从里亚赫人到捷克人，

从捷克人到雅特维格人[2]，从雅特维格人到立陶宛人和日耳曼人，

从日耳曼人到卡累利人[3]，从卡累利人到乌斯丘格，

在那里居住着多神教徒托依姆人，

再到生气勃勃的白海；从白海

到伏尔加河上的保加尔人，从保加尔人到布尔塔斯人，

从布尔塔斯人到切烈米斯人[4]，从切烈米斯人到莫尔多瓦人[5]——

这里所有的人都被信奉基督教的人民征服。

许多信仰多神教的国度

都曾经向大公符塞沃罗德，

向他的父亲——基辅大公尤里，

向他的祖父弗拉基米尔·莫诺马赫臣服。

波洛伏齐人曾经用莫诺马赫的名字

[1] 里亚赫人是波兰人的别称。

[2] 雅特维格人是波兰境内的古代民族。

[3] 卡累利人是住在芬兰东部卡累利阿地方的一个民族。

[4] 切烈米斯人是居住在今俄罗斯境内马里自治共和国的民族马里人的旧称。

[5] 莫尔多瓦人是居住在今俄罗斯境内莫尔多瓦自治共和国和伏尔加河中部流域的芬兰族人。

恫吓他的还睡在摇篮里的孩子，
立陶宛人不敢从沼泽地走出，
乌古尔人惧怕弗拉基米尔进城，
就用铁制的大门
把自己的石头城墙巩固。
日耳曼人在庆幸，他们还远远地
隔了蔚蓝的大海一片。
布尔塔斯人、切烈米斯人、莫尔多瓦人
都曾经向大公弗拉基米尔
进贡森林里的野蜂蜜。
而君士坦丁堡的君主曼纽埃尔，
因为惧怕俄罗斯的王公，
曾经不断地送来丰盛的礼物，
只求大公弗拉基米尔不攻打君士坦丁堡。
基督徒们每天哀悼王公们。
从大雅罗斯拉夫到弗拉基米尔，
到现在的雅罗斯拉夫，再到他的兄弟
尤里——弗拉基米尔大公国的大公。

俄罗斯人民并没有灰心。

巨人战胜了

把巨人推倒是不大容易的！

逃得了性命的居民渐渐地从黑暗的森林里回到城市里去。

不是不久以前，他们还觉得一切都完了吗？家没有了，许多亲人死去了，周围

一片荒凉。故城简直令人认不出了。而且他们自己也变了，头发提早白了，额头上布满了深深的皱纹。

从前的生活随着过去消逝了。

应该从头开始……

于是斧子又重新工作，把圆木削出了榫舌。还在发出树脂香气的桁条一根根安了上去。新的房子就在被毁的房子的原址上竖了起来。新的城墙围住了这些房子。

在河湾上面，在克里姆林周围，一圈又一圈，像一棵大树似的，莫斯科成长起来了。同时在莫斯科的周围，俄罗斯国家也在渐渐成长，渐渐扩大。

会节省过日子的莫斯科王公们拿出主人的态度，把一个个村庄、一座座城市陆续整理好了。

莫斯科公国不停地成长着，几十万人的力量都聚集在了一起。

岁月在逝去。十四世纪代替了十三世纪。力量积蓄起来了，于是这个变得坚固地团结在一起的国家开始在跟敌人的斗争中试验它自己的力量。

从前，俄罗斯的王公们各自带兵在草原上跟游牧民族作战。

如今，他们以莫斯科大公季米特里·伊凡诺维奇[1]为首率领了好几千人编成的武装齐备的军队，同心协力地一起进攻了。

这已经不是游牧民族在残害俄罗斯的战士，而是俄罗斯人赶着游牧民族在顿河流域的草原上跑了。

莫斯科在不断地强大起来。

---

[1] 季米特里·伊凡诺维奇（1350—1389），莫斯科大公、弗拉基米尔大公。莫斯科大公国原由弗拉基米尔大公国分封而成，后来割据自主。季米特里·伊凡诺维奇 1359 年就做了莫斯科大公，1363 年又继任弗拉基米尔大公。统治期间实行统一全俄的政策，加强集权统治。1380 年在顿河附近的库里科沃会战中击败蒙古人，所以得名季米特里·顿斯科伊。

已经不是槲木的城墙，而是石头的城墙在环绕着克里姆林了。

能工巧匠们在莫斯科和别的俄罗斯城市里建造教堂、修道院、王公的宫殿。

最有名的俄罗斯画家安德烈·鲁勃廖夫在涂饰“大公宫廷里圣伯拉哥维希尼亚的石造教堂”。

但是鲁勃廖夫的最佳创作是他在塞尔格叶夫三一修道院所画的“三位一体”图像。

要找出能跟这幅画相比的真是不容易。

三位天使坐在桌前，桌子上有一只盛着水果的碗。天使没有交谈，他们在沉思着什么。

他们低垂着的头、衣服上随意的褶皱，可以叫人忆起古希腊匠人们的作品，但是希腊的匠人们只描绘优美的肉体，俄罗斯的匠人却会把优美的心灵也描绘出来。

当人看到鲁勃廖夫的那些天使的时候，耳朵里好像听见了悲哀的俄罗斯歌曲。

从坐在当中的天使的背后望过去，可以看见一棵被狂风吹弯但是还没有折断的树，树的后面是山。山和树，如同重唱句一样，用自己的弯折重复了天使在忧伤中低垂着头的神情。

《伊戈尔兵团战士歌》是不是也这样把大自然跟人的心灵相提并论呢？

草由于同情而低下了头，树悲哀地向地面弯下了腰。

鲁勃廖夫把悲哀和力量刻画在自己的画面里：一方面是已经接近解放和兴盛的力量，一方面是在俄罗斯——引用歌里的句子——“万恶的鞑靼人在瓜分掳获品”的时候的悲哀。

又过了一个世纪，鞑靼汗重新带领军队进攻莫斯科。但是这已经不是跟从前一样的军队了，俄罗斯也变得不一样了。

当俄罗斯人把彼此敌对的许多公国集结起来成为国家的时候，鞑靼人的金帐汗

国[1]分裂成了几个相互敌对的汗国。已经不是俄罗斯的王公们在内战，而是鞑靼的汗们在内战了。

在历史的大阶梯上，俄罗斯人又走上了一级。

而鞑靼人还是跟以前一样落后：只是现在他们爬上了俄罗斯人在许多年前曾经踏过的那一级阶梯。

不速之客光临莫斯科城下，俄罗斯人前去迎接。

客人们不肯留下来吃饭，他们不敢跟俄罗斯人开战，在一个地方逗留了一会儿之后，就转过身子回家去了……

[1] 金帐汗国因帐殿金色得名，也叫钦察汗国。原是成吉思汗长子术赤的封地。初有咸海和里海北钦察旧地。术赤子拔都远征（1236—1242）后，版图西到多瑙河下游，东到今额尔齐斯河，南到高加索，北到保加尔地区。1243 年建都萨莱（今伏尔加河下游）。十四世纪起由于贵族内讧，人民反抗，国势转弱。十四世纪末曾败于莫斯科大公季米特里・顿斯科伊，以后逐渐分裂成为许多独立汗国。

俄罗斯土地和西欧隔绝了两个世纪。现在被游牧民分隔开的世界又在逐渐长合起来。

从前有过一个时期，俄罗斯王公的女儿统治了法兰西，另外一位王公的女儿做了盎格鲁-撒克逊人的国王的妻子。从前有过一个时期，基辅和欧洲别的城市密切地联系着，基辅的王公们说拉丁语、希腊语和德国语跟说俄罗斯语一样流利。

但是在两百年里，西方差不多已经完全把俄罗斯人忘记了。在法兰西或者英吉利的人们说，在波兰的那一面，在立陶宛的那一面，有一个广大的北方国家，“或许是隶属于鞑靼人，或许是隶属于波兰国王”。卢卑克和不来梅的日耳曼商人们比较了解俄罗斯人。汉萨同盟[1]在诺夫哥罗德有自己的商站和仓库。但是汉萨同盟的人想方设法不放别国人到俄罗斯土地上去。

金帐汗国崩溃了。俄罗斯的各公国聚集成了一个国家。莫斯科已经不再和特维尔或梁赞[2]打仗了。它现在已经实现了早在弗拉基米尔·莫诺马赫的时代编年史作者就曾经幻想过的“一条心”。在莫斯科住着的，已经不是莫斯科大公，而是“全俄罗斯”的君主了。

第一批使节从莫斯科出发，到西方去了。

作家巴维尔·约维著了一本书《莫斯科的使节》，这本书给人很深的印象。读者们给约维写信，说他“给天下打开了新的世界”。有一个爱好哲学的人赞叹道：“反

[1] “汉萨”一词的德文意思是“公所”或“会馆”。汉萨同盟是十四世纪到十七世纪北欧诸城市结成的商业、政治同盟，以北德意志诸城市为主。最初只是汉堡、卢卑克、不来梅几个城市的联合，1367年正式成立同盟，参加的城市有七十个以上，多的时候超过一百六十个，以卢卑克为首。

[2] 特维尔和梁赞等都是由原来基辅国家分裂而成的公国。

复阅读你叙述莫斯科的著作，约维，我开始相信德谟克利特的另一个世界了！”

使节从俄罗斯土地到了威尼斯，到了罗马。

政府给使节下指令：要在外国找一位知道怎样把矿石和土分开的工匠，还要找一位会筑城的精巧工匠，还要找一位会放炮的炮手，还要找一位会用石头造宫殿的石匠，还要找一位会熔铸大银杯的精巧的银匠。

在莫斯科，工作热烈地进行着。本国的工匠已经不够用了，只好请外国的工匠。

在克里姆林，尘土遮天——人们在拆除旧的、破烂的宫殿和教堂来建筑起新的。

俄罗斯和外国的工匠们在比赛建筑的艺术。

交给技师叶尔莫林和他的石匠们的是一桩很难的任务：重建伏芝涅谢尼[1]教堂。这座教堂在火灾的时候受损，它的圆拱顶移动了位置。

为了保留剩下来的一切东西，叶尔莫林决定不把圆拱顶整个拆除，而是把它修好。

这是一件很不容易的工作。必须拆除烧焦了的、打碎了的砖，把每一分钟都有

[1] 伏芝涅谢尼是俄文 Вознесения 的音译，原来的词义是耶稣升天。

倒塌危险的圆拱顶上部修补好。这不仅需要技巧和勇气，而且还需要知识。

叶尔莫林和他的工友们未必在书本上学过物理学，但是他们不止一次地看过大自然的书。在干活、在向石头的重量斗争的时候，他们就研究了平衡的规则。

需要挪动石头的地方，他们动用杠杆。需要抬起它的地方，有“绞辘”——那时他们这样称呼滑车——给他们帮忙。

工匠们完成了他们所承担的任务。

教堂重新完整无恙地立在那里，好像火根本没有触碰过它似的。编年史作者把这件事记在自己的故事里，把它放在别的重大事件中间：

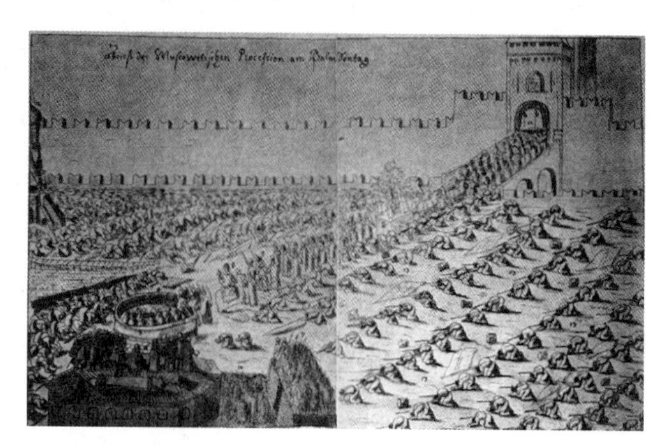

> 他们没有拆除整个教堂，但是把四面烧焦了的石头都去掉了。他们把圆拱顶修复，把一切都完成了。所有的人对于这件不平凡的事情都表示惊异……

意大利建筑家亚里士多德·费奥拉文提按照古代俄罗斯的格式，在克里姆林建造了乌斯彭斯基[1]教堂。俄罗斯的和来自外国的工匠们在一起讨论胶泥的成分，怎样能使它更“黏着”些。

莫斯科人对于那个提起笨重石头的巨轮感到惊奇。

在这座教堂之后，又矗立起了别的教堂。大公的宫殿也在建筑中。石匠们在凿平、琢磨石头，用来做格拉诺维塔雅厅[2]的镶面石，大公将在那里接见使节们。

克里姆林由高而宽的石头宫墙围成三角形，每个角上有一个炮塔，每一面也有七个炮塔。

克里姆林像个强大的堡垒，高出在木头建造的莫斯科城墙和四通八达的街道上耸峙着。有些街道已经铺上了一根根的楞木了。

莫斯科在往宽里、往高里成长着。

[1] 乌斯彭斯基是俄文 Усденский 的音译，原来的词义是圣母升天节（旧历八月十五日）。

[2] 格拉诺维塔雅厅是克里姆林宫里的大客厅，格拉诺维塔雅是俄文 Грановитая 的音译，原来的词义是“多面的”。

关于北方王国的消息越来越经常传到西方的国家去。那里派出了许多人，试图了解这个新的强大王国是什么样的一个国家。

日耳曼的骑士波彼尔到了莫斯科。但是莫斯科人请他回去：他们不信任他，不信任这个过分好奇的外国人。

波彼尔回到家里，把自己的旅行经过讲给本国人听。

他说，在波兰的那一面，远远地伸展着莫斯科的俄罗斯，它不受波兰的统治，也不受鞑靼人的统治。它的君主比波兰的国王还富有。

皇帝腓特烈三世[1]派了波彼尔，衔命前往莫斯科去见伊凡三世[2]：如果俄罗斯的君主肯把女儿嫁给藩侯巴登斯基，他就可以赐他一个国王的称号。

但是伊凡叫人告诉德国的来使说："你向我们提起了王位，我们靠神的恩惠，自古以来，从我们最早的祖先起，在自己的土地上就是君主……我们从前不希望接受任何人的封赠，现在也不希望接受任何人的封赠……"

俄罗斯人民重新走上了世界的舞台，而且他们自己也意识到了这一点。

"全俄罗斯"的君主不愿意别人"封"他做王。

莫斯科的大公们从自己的祖先手里继承了莫诺马赫的帽子。这是

[1] 腓特烈三世（1415—1493），德意志国王和神圣罗马帝国皇帝。

[2] 伊凡三世（1440—1505），莫斯科大公。他先后合并了雅罗斯拉夫公国（1463 年）、罗斯托夫公国（1474 年）、诺夫哥罗德共和国（1478 年）、特维尔大公国（1485 年）等，1480 年摆脱了金帐汗国的控制，后又击败利沃尼亚骑士团和立陶宛军队，从而统一了东北俄罗斯大部。

一顶什么样的帽子呢？这是拜占庭皇帝送给弗拉基米尔·莫诺马赫的王冠，同时送来的有一只玉髓杯，这是罗马的奥古斯都曾经“赏玩过”的。

传说就是这样把三个半世纪以前的俄罗斯人的思想告诉了我们。这些人相信，俄罗斯土地是注定了要变成跟从前的罗马、拜占庭一样的世界文化堡垒的。

在一所俄罗斯的修道院里，有一个老僧侣曾经做过预言：到现在为止，有过两个罗马。第一个罗马由于自己不信神而灭亡了。第二个罗马——拜占庭——由于土耳其人的摧残而崩溃了。第三个罗马——莫斯科——在坚强地屹立着。至于第四个罗马，那是不会有的！

伊凡三世时代的莫斯科还赶不上罗马，但也已经不是从前的大村庄了，这是一座热闹的都城。

在克里姆林旁边的一排排店铺里，灵巧的商人们手一抖就展开一卷卷中国丝绸和威尼斯天鹅绒。在杂货和药草的市上，行人把遥远的印度所产的谷物和药草的香气跟莫斯科的寒冷空气一同吸入鼻子里。

被游牧民族入侵分隔开的世界又重新长合起来。

意大利商人们经过黑海到莫斯科去，沿途，在克里木，在意大利城市卡法[1]的同乡那里歇脚。俄罗斯人把自己的货物运到土耳其和波斯的市场上去。特维尔的商人阿法纳西·尼基京[2]出发到三海之外，到辽远的印度去，那里只有很少数的欧洲人去过……

[1] 卡法在克里木半岛，当时属热那亚。

[2] 阿法纳西·尼基京（？—1472），俄罗斯旅行家，1466—1472年间旅行到过波斯和印度，著有《三海纪行》一书，于1853年出版。

第六章

人巡视行星

人在行星上走着。五千公里远的漫步对于他已经不觉得太远了。

他登上世界的屋顶——帕米尔，那里“由于酷寒，连火都不像别的地方那样发光，发光的颜色也不一样”。

他走过中亚细亚的草原，那里常有那样大的风暴，会把骑马的人连同马一起卷得往回走，同时由于沙尘飞扬，周围往往什么也看不见。

他横穿戈壁沙漠，“那沙漠真大，走上一年也穿越不过去。到处都是山，还有沙，还有溪谷，哪儿也找不到食物。要走一天一夜，才能走到水边。再说水也往往是极苦的，那里连飞禽走兽都没有，因为那里既没有吃的，也没有喝的。”

鸟飞不过，兽跑不过。

而人却走过去了！

人像客人那样在自己的行星上走，不停地感觉惊奇。

他看见了煤——“像柴薪一样能燃烧的黑石头”。

他在陆地上看见了犀牛，在海上看见了鲸，在苏门答腊看见了热带森林，在马达加斯加看见了已经绝了种的巨鸟的遗骸。

这种鸟——隆鸟——从一只翅膀的尖梢到另外一只翅膀的尖梢有十六步远。

中国的镀金的宫殿和印度的巨大的佛像都使他感觉惊奇。

回到家乡之后，他给大家讲述地球的奇迹。

但是人们不相信他的话。就像从前人们不相信腓尼基和希腊航海家们的话那样。

十三世纪末叶，威尼斯商人马可·波罗[1]差不多周游了全世界。在陆地上，他走到了冲刷着中国的海的岸边，回去的时候，他乘船经过印度。

他写了一本叙述他所看见的奇异事物的真实的书，但是人们却控告他撒谎。

他临死的时候，神父劝他说：

> 你至少得在临死之前忏悔，否认你在自己著作里所写的谎言吧。

老人回答他说：

> 我所知道的事情，连一半都还没有讲出来哩。

过了几十年，意大利人巴尔杜契·彼哥罗提，佛罗伦萨银行代理人，自己编了

[1] 马可·波罗（1254—1324），意大利旅行家。他生于威尼斯商人家庭，大约于1271年11月，随父叔经两河流域、伊朗高原越帕米尔来东方，1275年5月到上都（今内蒙古自治区多伦县附近），得元世祖忽必烈信任，仕元十七年，足迹几遍中国，1292年离开中国，从海路于1295年回到威尼斯。1298年他在战争中被俘，狱中口述东方见闻，由同狱鲁思梯谦笔录成书，这就是《马可·波罗游记》。

一本马可·波罗所描写过的地方的旅行指南。

不久前，欧洲人的脚还没踏到过那里。而如今商队已经顺着久经踩踏的小路，走向那里——经过阿斯特拉罕[1]和乌尔坚奇，路过伊塞克湖[2]，再往前——循着戈壁沙漠的边缘往前走……

《三海纪行》

另外一条到东方的路是从莫斯科沿伏尔加河而下，到达里海，从里海到杰尔宾特和巴库[3]，从那里到波斯，再从波斯到印度。

特维尔商人阿法纳西·尼基京就沿着这条漫长的路走到了印度。他装了两船毛皮，运到波斯去卖。这需要有不小的勇气，才能乘着那种船舶出发去长途旅行，这种船正确些说应该叫作小帆船。带粗布帆的船桅，十六支桨，一根长的撑篙代替舵，宽甲板下的小舱装货物——这就是一整条船。

尼基京在诺夫哥罗德找到了一个同路的人——要从莫斯科回自己家乡去的舍马哈[4]大使。他替大公带给舍马哈汗一种活的礼物：九十只鹰。

在伏尔加河口，鞑靼人袭击了商队，尼基京的船被劫掠一空。他没有了货物，

[1] 阿斯特拉罕是俄罗斯伏尔加河三角洲上的城市，距里海大约一百千米，十五世纪中叶到十六世纪中叶曾经作为阿斯特拉罕汗国京城。

[2] 伊塞克湖是天山山脉中的一个湖，在吉尔吉斯共和国境内。

[3] 杰尔宾特和巴库都是里海沿岸城市，杰尔宾特在俄罗斯达格斯坦自治共和国境内，巴库是阿塞拜疆共和国首都。

[4] 舍马哈在阿塞拜疆共和国境内，高加索山脉南麓。

也不愿意空手回到俄罗斯去，于是就搭乘舍马哈使节的船，到了杰尔宾特，从那里走旱路到波斯和印度去。

现在他不再想做毛皮生意了。他听别人说，在印度，马匹很贵，于是就用最后一点钱买了一匹马。但是这一回，尼基京也失败了。

他原来打算在印度买进一批货物运回俄罗斯去卖，可是没有找到适当的货物。

尼基京骂道：“狗邪教徒骗了我，他们自称货色很多，然而他们的土地上却什么也没有……胡椒和颜料倒很便宜，可是税关不让通过……谁从海上运，谁就不纳税。但是海上强盗很多，常常把船抢

劫一空。”

尼基京从一座城市走到另外一座城市，从一个市场走到另一个市场，但是这没有什么意思。他不喜欢异乡。那里的一切都跟家乡不一样。人的皮肤都是黑的，身体都赤裸着。食物也不好。他们不拿刀，也不知道用匙。他们不在一起吃喝，大家都单独地吃喝。

在印度，连冬天都和在澡堂里一样：“真是又蒸，又闷，又烤。”

在这里，尼基京也尽力保持俄罗斯的风俗习惯，然而这是很不容易做到的。那时候他是一个人在外国人中间啊。

四年过去了，尼基京还在外国漂泊。最后他实在忍受不住，就束装回家乡去了。

于是在不知疲倦的旅人前面，又展开了没有尽头的道路，又是成千俄里[1]——从印度到特拉布松[2]，从特拉布松渡过黑海，到热那亚的要塞卡法，再从卡法到特维尔。

但是死亡让尼基京没能走到他的故城，回到头上发出金光的基督那里。他还没有走到斯摩棱斯克，就在途中去世了。

当他回家乡的时候，他大概也感觉到自己白白浪费了一生：想到三海之外去发财，结果却是两手空空回来。

他对自己命苦的抱怨是不是多余的呢?

不错，他既没有带回黄金，也没有带回海外的货物。他的行李很简单，也许就全部放在肩上背着的行囊里。然而这个行李比黄金还宝贵。

尼基京死后，人们找到一个笔记本。他们把这个笔记本送到莫斯科，送给大公。

---

[1] 俄里是旧俄长度单位，一俄里约等于 1.067 千米。

[2] 特拉布松在小亚细亚东北部，靠近黑海。

黄金会分散到许多人的手里和许多箱子里去，而笔记本却像一个换不开的卢布一样。它向把它拿在手里的每个人讲出比童话还要奇异的实事。尼基京把居留异国的时候曾经感到惊奇的一切事物都记在自己的本子里了。

他描述了海外的走兽和飞禽、宫殿和庙宇：

> 苏丹的宫殿有七个大门。每个大门里都坐着一百个看门人……宫殿非常美妙，全部都用雕刻和黄金装饰着。每一块石头上都雕着花，并且镀上黄金……

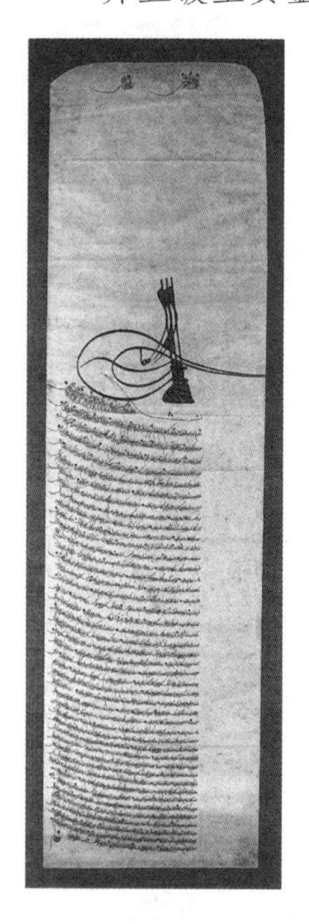

> 苏丹带母亲和妻子出去游逛。跟随他的有一万个骑马的人、五万个步行的人、二百个穿戴着镀金甲胄牵着象的人。在他前面，有一百个人吹着喇叭，一百个人跳着舞，三百匹套着金马具的马，还有一百只猴子跟在他后面……

尼基京对于什么都感觉新奇——又是跳舞的人，又是猴子，又是象。

> 象鼻和象牙上系着两普特[1]重的巨大的剑，象的身上披着布拉特钢[2]的甲胄，背上搭着个小台，小台上有十二个穿戴着甲胄的人，所有的人都带着炮和箭……
>
> 那些猴子就住在树林里，它们有猴王，还有自己的军队，如果谁触犯了它们，它们就跑到猴王那里去诉苦，猴王

[1] 普特是旧俄重量单位，一普特约等于 16.38 公斤。

[2] 布拉特钢也叫大马士革钢，是古代大马士革炼制的一种好钢。

就派自己的军队去打他。它们进了城之后，就把门拆毁，把人痛打一顿。据说，它们的军队非常多，它们也有自己的语言。

可最使尼基京惊愕的是“佛刹”——圣城里的佛寺。

佛刹非常大，有半个特维尔城那么大，是石头造的，上满雕着佛陀的事迹……曾经怎样创造奇迹，曾经怎样出现各种形象的化身。最初是以人的形象出现的，第二次仍旧是人，但是长着象的鼻子，第三次也是人，但是长着猴子的脸，第四次是像猛兽形象的人，刻在石头上，尾巴有一俄丈[1]长。全印度的人都到佛刹去看佛陀的奇迹……

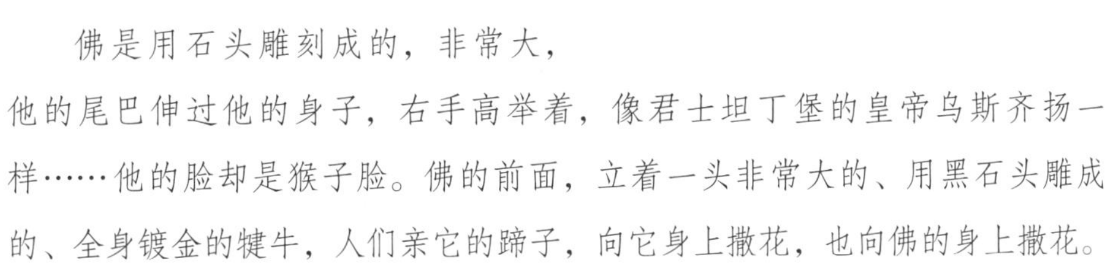

佛是用石头雕刻成的，非常大，他的尾巴伸过他的身子，右手高举着，像君士坦丁堡的皇帝乌斯齐扬一样……他的脸却是猴子脸。佛的前面，立着一头非常大的、用黑石头雕成的、全身镀金的犍牛，人们亲它的蹄子，向它身上撒花，也向佛的身上撒花。

尼基京像这样讲印度的事情。

这种奇异的事情，不仅在俄罗斯谁也没有听过，就是在全欧洲也没人听过。

在那时候，人们还没有开始建造瓦斯科·达·伽马[2]航海到印度去的船舶呢。

[1] 俄丈是旧俄长度单位，一俄丈约等于 2.134 米，也音译作“沙绳”。

[2] 达·伽马（约 1460—1524），葡萄牙航海家，1497 年奉葡萄牙国王之命从里斯本出发，绕非洲南端好望角，1498 年 5 月到达印度。1502—1503 年和 1524 年又两度赴印度。

财富是怎样产生的

世界变得越来越辽阔了。

连小孩子都已经知道，有居住着黑人的遥远的地方。

在沿海的里加[1]城，有一群小孩子在仔细打量一个长着像煤烟一样黑的脸的人。

这个人画在贸易所门口的墙上。

当海上刮风的时候，这所房子的房顶上旋转着风信标——小船、小公鸡、骑在马上的骑士。

小孩子们兴高采烈地看这些好玩的玩具，但是他们最喜欢的还是画在墙上的黑人。

[1] 里加是波罗的海里加湾南湾大港，今拉脱维亚首都。

商人们就从这种黑人那里买回海外的货物。这些货物从船上卸到港湾里来。

贸易所的房屋只从前面看像一座宫殿，从后面看就更像货栈。滑车从早到晚在门楣下咯吱咯吱地响，一个大桶紧着一个大桶，摇摇晃晃地升上去。当大桶接近二楼敞开着的大窗的时候，敏捷的手就抓住了它，于是它就隐没在保藏海外来的财富的房子的黑暗深处了。

到北方去的印度货物在这个货栈里就像在旅馆里一样休息下来，它们旁边是到南方去的诺夫哥罗德毛皮。

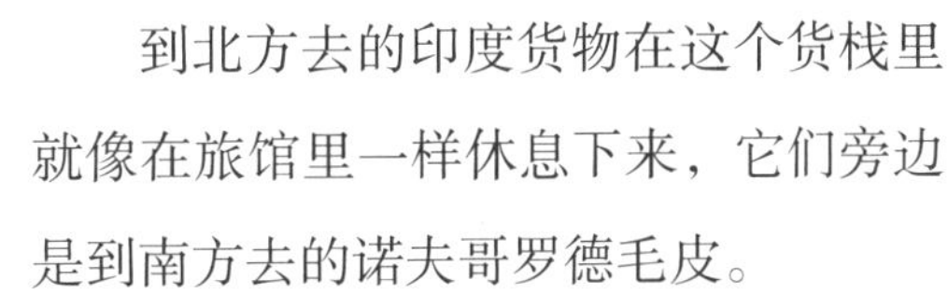

漫长的路从印度伸向意大利，从意大利伸向汉萨同盟的城市，从汉萨同盟的城市伸到诺夫哥罗德。

在不同的城市和不同的国家里制造出来的东西，从这双手里转移到那双手里。

在石头造的大厅堂里，诺夫哥罗德的商人把毛皮挂在链子上，壁橱的架子上放着一卷卷呢绒，立着一桶桶胡椒。

这房子像座堡垒：四周都是有吊桥的堑壕，墙有一俄丈厚。这里有值得防贼、防盗的东西。拱形的地窖是货物的仓库，一楼的屋子是店铺，楼上，在装饰得很阔绰的屋子里，住着主人和他的家眷。

顾客沿着很高的台阶走到铺子里去，为了不把头碰在门框上，他弯着腰走进矮矮的门。这里的地板都是不一样高的，必须小心翼翼地从一间屋子走进另外一间屋子去，才不至于踏空。

厚墙里面是走廊和楼梯，小小的窗子只放进很少的光线。铺子里面散发着毛皮、皮革和海外调味料的气味。

像这样，由成千的人手所制造的和获得的东西，从一座城市转移到一座城市，从运货车转移到货栈，从货栈转移到商行的背囊里。

这个百货之河的源头在哪里呢？

在手艺匠的作坊里，在农夫的村舍里！

这条河变得一年比一年宽阔和壮大。乡村越来越多地供给粮食、亚麻、羊毛和皮革，城市也越来越多地制造织物、皮靴、刀和斧子。

人类的生活在一年里面固然很少有改变。但是假使我们不说一年，而说一世纪，或者一千年，假使把中世纪的城市拿来跟古代的雅典或罗马比较的话，立刻就可以看出，人的技术已经前进了多远。

古代的工匠们曾经以使用自己的手摇式车床、自己的熔矿炉和水磨自豪。

十五世纪的工匠却可以指着上击式水

轮、纺车和鼓风熔矿炉来夸耀了。

古代的工匠们迫使水做工。他们把轮子放在河里，叫水流旋转它。

新的工匠却把河引到自己的作坊里去了。他们为它造了一条木制的路——水管和水槽。他们用堤坝把河分隔开了。

水面升高的水循水管往下流，从上面落在轮子上。轮子自己旋转，并且带动了轴。轴通过墙进到作坊里，完成了人们所委托给它的任务：摇动漉纸的框子，给熔炉鼓风，举起巨大的锻锤。

像这样，产生了造纸磨坊和呢线磨坊[1]。但是这种磨坊其实是什么也不研磨的。

---

[1] 在俄文里的 мельница 一词原作磨坊解，后来转化作工厂解，是因为某些工厂如造纸工厂最初像磨坊一样用水轮机作为动力。英文里的 mill 也是这样。

这也像常有的情形那样，人们用旧的词来称呼新的东西。直到如今，在英国，人们还用磨坊来称呼任何工厂。

上击式水轮用新方法帮助人们解决了旧问题——用铁矿石炼铁的问题。

古时候用低矮的熔铁炉来炼铁，他们把矿石和煤装在炉里，用手拉式风箱吹进空气。

在这种炉子里是不可能有高温的。铁并没有熔化，只是熔结在一起了。结果熔成了和矿渣混在一起的海绵般的有孔的铁。

铁匠不得不用锤子来干炉子未能干完的工作：把铁和矿渣分开。

而且这种熔铁炉出不了很多铁。

当人们想把炉子造高一些的时候，炉里的空气就不够用了。用手拉式风箱不能吹进它所需要的那么多的空气。

于是人们就出动了新的上击式水轮。它操纵起巨大的炼铁风箱。

如今炉里的空气够用了。炉子越来越热。铁熔化了，里面融进了炭，得到了铸铁。

火和水一向是不相容的，如今它们俩却一起干起活来：水开始扇火。

当工匠第一次看见稀薄的火红的铸铁流而不是他们看惯了的黏滞的铁的时候，他们以为是把铁矿石白白地糟蹋了。

液体的铁！这对于他们真是再稀奇不过的事情。

他们找到了宝贝，却没有立刻明白这件事。而铸铁确实是宝贝，它可以用模型来浇铸。可以用它浇铸成没有一个铁匠能用锤子打出来的各种各样的制成品。

像这样，水轮帮助熔矿炉变成了鼓风高炉。

而从最早的高炉，一条直路通向十六到十七世纪的最早的制铁工厂。

在工厂的当中，沿着一条木的水槽，流着人造的河。它的两边有许多支流通向水轮，通向巨大的炼铁风箱和铁锤。

在这种最早的工厂里，有多大的嘈杂声啊！完全不像在手艺匠的小作坊里一样了！

人们发明了高炉之后，出铁量立刻就增多了。制造犁，制造炮，制造锚，制造斧子，制造车轮辐条和轮缘，都需要铁。

一个环节带动一个环节。紧接着上击式水轮，高炉出现了。高炉出现了以后，铁就出得多了。铁出得多了，人们就着手制造有铁的轮缘和铁的辐条的车轮。车轮又需要铺砌好的道路——因此人们又开始修路。

在田里，铁制的犁耕地比从前木制的犁耕得又快又深。

在制铁工厂，上击式水轮举起和放下连十个最有力气的锻工都拿不起的巨锤。在这里，不是手的力气，而是智慧的力气在帮助工匠。

事业在迈着飞快的步伐走向未来的机器，走向未来的工厂和制造厂。

在水力磨坊里已经具备了机器所需要的一切：发动机、传动机构和工具机。

一千年来，水轮没有跟齿轮分过手，齿轮也没有跟碾石分过手。

而如今，水轮给自己找到了新的工作。它不光是磨面粉了——它从磨坊走到了铁匠铺，走到了呢绒制造厂，走到了造纸工场，走到了需要破碎矿石和抽水的矿坑。

碾石不再像石头挂在脖子上般地挂在发动机上了。

发动机自由了，哪里需要它，它就在哪里干活。

到了十八世纪，俄罗斯的水工技师库兹马·伏罗洛夫[1]要建立一座工厂，里面巨大的水轮不仅开动唧筒和吊起矿石的机器，而且还将开动载运矿石的小车。俄罗斯的机械技师波尔祖诺夫[2]也将发明一种不是用水而是用水蒸气推动的发动机。

过一段时间，发动机将安装上车轮，变成蒸汽机车。它将进入大船里面，它将在田地上走动和耕地，它将载着人在空中飞行。

人的劳动又重新把科学向前推进得很远，而科学将帮助劳动。

数学和物理学将和机械学携手合作，创造新的自动机器——就是亚里士多德曾经幻想过的那些机器。

[1] 伏罗洛夫（1726—1800），俄罗斯的水工技师和发明家。

[2] 波尔祖诺夫（1728—1766），俄国发明家。据俄罗斯科学史学者考证，他在1763年做出通用蒸汽机的设计，1766年制成一部工厂用的蒸汽机，但是没有得到推广应用。

只有旧词会叫工程师们记起那个旧的时代，那时候除了人和动物以外没有别的发动机，那时候每一件工具都必须由人的手或马的脚来开动。

工程师们和物理学家们将说“力量”“马力”，但是说的时候，不再想起马的事情，而只想蒸汽机车的事情，不再想到人的力量，而只想到转动涡轮机的水流的力量。

我们未免跑得太远了。

让我们再回到十五世纪，回到那些没有上过技术学校、而只是站在父辈的车床前研究自己的技术的工程师那里吧。

某一种车床已经存在了几千年。父亲把干活的技巧传给儿子，指点他怎样用一只手握住车刀，用另外一只手前后移动弓。于是儿子惊愕地瞧看：弓弦怎样绕住了轴或要车削的东西，弓每移动一次就带动轴或要车削的东西旋转。

儿子用心地重复父亲的手所做的每一个动作。当他自己变成技师的时候，又把这个手艺教给自己的孩子。

可是如今，孩子们不按照父亲和祖父干活的方法干活的时候到来了。

他们不得不承担起解决新问题的任务。

用旧式车床很难车出唧筒用活塞、螺旋桨叶、轮毂，但是它们的需求量却越来越大。

这就需要很大的车床和很重的车刀，但是这样的车刀只用一只右手是握不住的。

必须想出办法，怎样可以解放车工的左手，使他能用两只手握着车刀干活。于是头脑又来帮助手了。

车工的儿子开始不按照他父亲的方法干活。他用脚踩一块板子，板子拉着一根绳子。绳子绕过轴，把轴转动起来。绳子的另外一端系在天花板上一根有弹力的竿子上。脚踩到底以后，竿子就像弹簧一样把绳子拉回去。

车工的两只手都自由了。他能用两只手握着车刀干活了。

跟脚踏式车床一起出现的是脚踏式织机。脚踏式纺车代替了纺锤。

新的工具逼着人按照新的方法去干活。

如今，同一个工匠已经不能同时又做纺纱工，又做织工，又做染工了。当人们只照管自己机床的时候，活就干得快得多了。

当第一个人洗毛、第二个人梳毛、第三个人纺条、第四个人织呢、第五个人染色的时候，事情就进行得快得多。

活越干越快，聚集到货栈里去的货物越来越多，在路上看见的车辆和在海上看见的商船越来越多。

商人渐渐富有起来，工场的技师们也渐渐富有起来。

佛罗伦萨呢绒工场里富有的技师再也用不着自己站在机器前面了，有几十个雇来的工人替他在工场里干活，在佛罗伦萨，人们唤这种工人是“穷辈”[1]——衣衫褴褛的人。利润是归技师的，他是摆在工场里的贵重的新机器的所有者。而“衣衫褴褛的人”除了从早到晚投梭子的双手以外，什么也没有。

“穷辈”挨饿。“穷辈”试图反抗[2]，但是毫无结果。

城里的政权是牢固地属于富有的商人们和技师们的。

在佛罗伦萨，封建领主们的权力早已被推翻了。

这里，过着王公生活的不是王公们，而是商人们和银行家们。

富有的商人的家像一座宫殿。

里面的东西不是很多：墙边有几把安乐椅，精巧的雕花的桌子，香木制的柜子。但是空空洞洞的前屋里，却充满了无声的喧哗和静止的动作：这里的天花板上和墙上，有许许多多人脸和人的身体，有长着翅膀的野兽和长着鱼尾巴的人、丘比特[3]和美惠三女神[4]、跳着舞的宁芙神[5]和吹着笛子的潘神[6]……

在闪烁着各种颜色的墙壁背景上，罗马男女诸神的像在发着白光，他们好像在庆幸好不容易回到了家里。

---

[1] 这个词的俄文作“чомщи”，当是从原词音译来的，我们现在音译作“穷辈”，也兼顾原意。这一词也意译作“褴褛汉”。

[2] 公元 1378 年，佛罗伦萨梳羊毛工人曾举行起义，称“梳毛工起义”，也称“褴褛汉起义”，结果失败，工人遭受迫害，大工商业者重掌政权。这是历史上一次早期的工人武装斗争。

[3] 丘比特是罗马神话里的爱神。

[4] 美惠三女神是希腊神话里代表妩媚、优雅和美丽这三种品质的三位女神的总称，相传是主神宙斯的女儿。

[5] 宁芙神是希腊神话里居住在山林水泽的女神。

[6] 潘神是罗马神话里半人半羊的农牧神。

古罗马人到自己的后裔家里去做客

被蛮族人的手从台座上扔下来的雕像，在土里静静躺了一千多年。

有时候，农夫的犁把地层翻起，就把那些在霞光里显得像是温暖的美丽的手送到世界上来。

掘地人的铁锹常常带着刺耳的声音碰在装饰圆柱头的石头雕刻的叶子上。

农夫看见从地狱里上来的多神教的偶像，惊怖地在胸口画了个十字。

掘地人骂那障碍物，把他刚磨锋利的铁锹又弄钝了。

“过去”往往自动地从黑暗的地底下走出来，到人们跟前去，但是人们却不想认识它。

而如今，古代的美又重新从坟墓里站起来。

人们小心地除掉每一小块雕像碎块上的泥土。

意大利的银行家邀请了许多客人，他不仅请他们喝陈酒，还请他们欣赏古老的美、古老的智慧。在宴会上，人们朗读柏拉图的《会饮篇》。在金铸的大杯子旁边，放着刚从托斯卡纳[1]的一座葡萄园里找到的、大理石雕成的罗马雄辩家的头像。

石头雕成的罗马人的嘴角上挂着微微的嘲笑，望着那些现在才明白好东西的意义的后裔们。

假使他能看能听的话，那么他会看见些什么、听见些什么呢？

他会看见别墅敞开着的窗外柏树和果树在开花。

他会听见故乡的拉丁语，并且听出一些熟悉的名字——贺拉斯、奥维德[2]、维吉尔等。

---

[1] 托斯卡纳在意大利中西部，公元十一世纪到十九世纪曾建立公国。

[2] 奥维德（公元前43—公元17），古罗马诗人。

他会因为这些人不仅用基督的名字发誓，同时也用奥林匹斯诸神的名字发誓而觉得好笑。

他假使能听见他们在读柏拉图的《会饮篇》，也许会因他们的博学而惊愕。

莫非“过去”真的回来了吗？

不是的，“过去”是从来不会回来的。

别墅的装饰是太过分、太华丽了。每一道间壁、每一个门把手上，都有太多雕刻的花纹、叶子、果子、人像。

在餐桌上，粗鲁的野蛮的笑话常常打断希腊语和拉丁语。

在精美的食物之后，送上一道奇异的菜，主人特别热心地请客人们吃。他们一面吃，一面过分地称赞厨子的好手艺和主人的好口味。

主人却忍不住大笑起来：

这是红烧老鸦肉啊！

客人们全露出一副尴尬的脸色，他们不知道怎么办才好，是和主人一同笑好呢，

还是生气好？有的人装出憎恶的怪相，叨念着：“真恶心！”可是主人正需要这样。

在罗马元老院议员和总督们的宴会上，没有这种粗鲁的玩笑。在那里，从来也没有谁逼着人一口气吃完三十只小鸡和四十个鸡蛋的事情。

这些蛮族很高兴地谈论的一些其他恶作剧，古罗马人也不会认为是聪明的。

白天，别墅的主人把一位客人灌得烂醉。他们把这个可怜虫送到墓地，把他扔在那儿。他们对他的亲属说他死了。当他在坟堆间醒转来的时候，那才好玩呢！而且，当死人突然敲起自己家门的时候，他的亲属会被吓得多厉害啊！

不，他们虽然也讨论亚里士多德和柏拉图，但他们还都是些蛮族。

而且他，别墅的主人是什么样的人呢？

他不是贵族，不是望族，而是个商人。他没有广大的领地，然而他有很多黄金，就是这种东西给了他权势。

国王们摘下帽子跟他谈话，在他光着头站在他们前面的当儿，他们就一直不戴帽子。人们不称呼他“国王陛下”，但是替他想出了一个新的不逊于“国王陛下”的恭敬称呼：“贵人阁下”。

他，这位“贵人”美第奇[1]，外表看起来很谦逊。每天早晨，他在园里干活，很随便地跟园丁谈话。在大街上，他遇见随便哪个工场领班师傅的时候，总是拍拍人家肩膀。

他也从来不自己干涉领主们——政府的事情，然而他的钱却替他干了一切事情。

他没有盾上是狮子、上面是王冠、下面飘带上是傲慢的格言的徽章，但是人们对他表示了对王公一样的敬意。

他不把自己的敌人送上断头台，也不把他们送进监狱。他不知不觉地有礼貌地把他们处死：用高利贷逼得他们破产，当他们将要毁灭而跑去向他求救的时候，他拒绝借给他们最后一次、最需要的钱。城里没有比他再富有的人了——所有市民的钱包都在他的手里。

但是也应该替他说句公平话：他很舍得花钱买画、雕像和书。

---

[1] 十五世纪起，佛罗伦萨共和国为大银行家美第奇家族所统治。美第奇家族对内采取笼络手段，稍稍减轻人民的税捐，借以巩固自身的地位。他们修建豪华的宫殿和公共建筑物，奖掖艺术，招致许多著名的建筑师、雕刻家、画家、诗人，使佛罗伦萨成为当时意大利的文化中心。

在他的图书室里，有四十六个誊写生在挥动着羽毛笔抄写刚刚找到的古代手抄本。古代的雕像数他搜集得最多。学者常常去求他事情，并且给他写信，在那些信里，骄傲自大和低声下气的心情在做着斗争。画家们往往向他恳求，要五十弗罗林[1]金币去买群青颜料。

他谁也不拒绝，并且记下支出去的钱的数目一直记到最末一个弗罗林。骑士们不假思索的慷慨是不在他的商人规则之内的。

金弗罗林像雨水灌溉了科学和艺术的田地，而收获证明了这种耗费是正当的。

在富丽和豪华上，没有一座王宫能够胜过这个谦逊的共和国公民的宅院。他的城市是共和国。

托斯卡纳土地上早已没有农奴了，从前的贵族在这里渐渐失去了自己的特权。

在市场和城堡的斗争中，这里也和米利都或雅典一样，市场战胜了。

在这里居首位的，不是名门世家，而是钱包。

这里是由人民统治着。

然而也只在名义上是由人民统治着。最富有的商人和银行家们留在自己的圈子里，让那些工场里的褴褛的工人帮助他们去对付贵族，并且变成名义上的城市的主人……

一个异端的故事

在佛罗伦萨的银行家洛伦佐·美第奇[2]家的宴会上的客人中，我们会遇见一位马上就惹我们注目的人。

他年轻貌美。他会背诵彼特拉克[3]献给劳拉的诗，自己也写十四行诗。他喜欢

[1] 弗罗林是佛罗伦萨金币名，十三世纪正式铸造，以后许多别的国家也仿造过。

[2] 洛伦佐·美第奇（1449—1492），美第奇家族的主要代表人物，1469—1492 年当政。

[3] 彼特拉克（1304—1374），意大利诗人，他的思想反映意大利城市共和国衰落时期的社会矛盾，主要作品有《抒情诗集》，抒写他对恋人的爱情，描写自然景色，渴望祖国统一。

宴会和狂欢节[1]。

当夜间狂欢节的行列在横笛声中走过佛罗伦萨街头的时候，当火把的火光照亮了坎肩的金银线织锦缎、鞍褥的天鹅绒和长矛的金矛头的时候，乔瓦尼·皮科·德拉·米兰多拉[2]总是走在前面几排里。

但是他不是一个放荡的人，不是一个轻浮的花花公子。

他把高深的学问和快乐的性格结合在一起。在他书房里的书架上，摆满了希腊哲学家们和犹太神秘哲学家们的著作，他屡次在学术辩论会上取胜，跟他的祖先曾经在竞技会上取胜一样。

敌人们谈论他说："有这样高深的学识，而且年纪还只有那么小，就只有一条路可走了——和魔鬼签订合同。"

尊敬他的人说，1463年，当乔瓦尼诞生的时候，城市上空发出一道明亮的光——它预言新生儿将有伟大的未来。只是光立刻就消失了。

这意思是说，他的生命也将跟闪光一样短促而光明。

皮科·德拉·米兰多拉是一个怪人。他在宴会上有时看多神教的哲学家们的著作消磨整夜，有时跪在圣母像前祷告到天明。

据说，在最后几年，他大大地改变了。

他还不到三十岁，却像个老隐士般地刻苦、禁欲。

有两个人在他的心里斗争着：一个是虔敬的僧侣，一个是异端的学者，他们挤在一个心里。一个人想跟祖先们一样不假思索地盲目信仰，另外一个人对于什么都怀疑，而且时时提醒前一个人说，不要相信你愿意相信的一切。

皮科·德拉·米兰多拉经常思索，人究竟是什么。是在苦恼的山谷里按照天意指示的道路走去的旅人，还是自己命运的主宰？是由灰塑成又化成灰的可怜的奴隶，还是他自己就是自己的创造者和雕塑者？

当乔瓦尼看见人的手用石头、颜料和画布所创造的伟大艺术作品的时候，他是多么欣喜啊！

他是多么以改变世界的智慧的力量自豪啊！

[1] 狂欢节也称谢肉节，是欧洲民间的一个节日。

[2] 乔瓦尼·皮科·德拉·米兰多拉（1463—1494），意大利伯爵、人文主义者。

可这些最美好的时刻都被败坏了。人类的悲哀用成千成万只忧伤的眼睛从四面八方看着他。这些眼睛好像在责备他，他是那么骄傲和幸福。

在大街上，有因为伤口溃烂而变得丑陋的手向他伸出来，低声下气的诉苦和恳求止住了他的脚步。这座豪华的佛罗伦萨城里有多少贫穷和挨饿的人啊！

他急忙把他钱包里的金币全都倒在颤抖着的干枯的手掌里。但是难道能用一把钱币填满人类灾难的无底深渊吗！

他急急忙忙地走回家去，忘记了朋友们在等着他。他关起自己小礼拜堂的门，跪倒在十字架前冰冷的石板地上。

现在已经轮到他，像个乞丐那样伸出手去要求施舍了。但是祈祷和眼泪并没有减轻他心灵里的痛苦。嘴唇习惯地低声念着祷告，理智却愤怒地提醒他要保持尊严，提醒他低声下气的恳求是徒劳无益的。

还没有祷告完毕，他就立起身来，头也不回地走出小礼拜堂，到忠实的老朋友——古代的哲人们——那里去求援。瞧，他们在这里，在书房里。他们是永远情愿和他分享自己无穷无尽的财富的。

他翻开书，仔细地读起来。于是在他的心里，对于理性的信心，对于人类和人类的未来的信心，又重新坚强起来。

他坐到桌前，开始写起来。

他写什么呢？

写人的尊严。

> 神在创造世界的最后一天创造了人，使他认识宇宙的规律，爱宇宙的美，赞叹宇宙的宏伟。
>
> 神没有把他拴在一个一定的地方，没有给他指定什么事务，没有用注定的命运来把他拘束住，神给予了他运动的能力和自由的意志。

“我把你放在世界当中，”造物主向亚当说，“为了叫你能比较容易观看周围，比较容易看见世上所有的一切。你不是要死亡的人，但是也不是永生的人。你不是地球上的人，但是也不是天上的人。我把你创造成这样一个人，就为了使你能随自己的意志，为了自己的光荣，成为自己本身的创造者和雕塑者。你可能跟动物为伍，也可能高升到和神相等。野兽在母亲的肚子里就长成它们应该具有的样子。高等灵魂从一开始就跟它们永久的样子一样。只有你一个人将随自己的意志去发展，生长……你自己是你的命运的锻造者。”

乔瓦尼放下羽毛笔，又一次重读他写好的东西。

这是他准备做学术辩论的长篇演说词的最后几句话。他想邀请世界上所有学者参加辩论。他要向黑暗的骑士、向所有降低了人的身份的人挑战。

他们用神的名字发誓，他们说，人在创造主的面前简直什么也不是，说上帝亲自为他指定了做奴隶的命运。

让造物主亲自挺身出来为自己最好的创作辩护吧……

反对者们在辩论会上怎样回答了他呢？

他们找到了能够抵得过皮科·德拉·米兰多拉的论据的反驳吗？

他们那时什么也没有答复。

他们不敢跟他面对面地相见。他们用各种阴谋使教皇禁止了辩论。

皮科·德拉·米兰多拉不怕任何敌人。最危险的反对者就在他的心里，在不住口地向他低诉自己悲苦的责备。

白天在人群当中，夜里当所有的人都已经睡去，在他的心里，旧的信仰和新的思想在不停地做着斗争。

旧的信仰战胜了，一切都是赞成旧

信仰的。他从小所喜爱的悲伤的圣母的容貌在责备地瞧看他，教堂的钟用成十成百的铜舌在唤他恢复祖先们的信仰。在教堂里，他的目光在墙上徘徊，看见罪孽深重的人群和做出可怕判决的裁判官。而那些狂热的布道者立在跪着的人群前面，像用火点燃篝火般地用词句点燃着心。

有什么可以对抗这个呢？

走自己的路的新人的勇气吗？

但是在他的心里，新的还没有跟旧的分离开。

力量常常离开他。要跟压榨着心的惊惶不安做斗争越来越难了。

预言实现了：死亡已经站在他的门口，虽然那时他还只有三十二岁。他在临死前几天，终于放弃了他曾经坚持过的主张。

多明我会[1]的僧侣们胜利了：他们通过不断的努力，终于把迷途的灵魂劝回到天主教会的怀抱里来了。皮科·德拉·米兰多拉活着的时候过着异端的生活，死的时候却作为多明我会的僧侣死去了。

命运向他开了一个残酷的玩笑。异端在临死前，竟入了用篝火烧死异端的那个教会。

读者会见真正的巨人

从那个在古希腊、在旧的狭窄世界的人们和那些企图把这个世界扩大的人们之间进行斗争的时候起，已经过了二十个世纪了。

如今，新旧之间永不停息的斗争更加白热化了。

那时候，氏族制度崩毁了。现在，封建制度也在崩毁。

人们在学习不按照祖父辈的想法去思想。

世界在改变，变成另外一个样子了，旧道德已经跟眼睛看见的事物不大相符了。

---

[1] 多明我会，或称布道兄弟会，是十三世纪初多明我（约 1170—1221）所创。这个教派成立后不久，就受罗马教皇委派，主持宗教裁判所，到处残酷迫害“异端”，竭力维护天主教势力的统治。

这些旧道德不愿意一仗也不打就退却。

可能认为历史在重演。

但历史是从来都不重演的。

当爬山路越爬越高的时候，山路有时向后转，有时又重新向前突进。爬山的人觉得，他已经看见自己前面的这座雪峰，这座架在溪流上的小桥就在下面。

但是雪峰仿佛变低了些似的。可以更清楚地看到那些云杉，像锯齿状的城堡一样地在雪地上呈现出一片黑色。

下面的小桥却变得比刚才看见的小而远了。虽然周围一片寂静，水流的潺潺声还隐约传到耳边。

路又转回来了，但是已经不是在原来的地方，已经比先前高了。

巨人的路程也是这样的。

曾经有过一个时期，希腊的哲学家否定旧有的诸神，努力用新学说来解释世界。

如今理性又在捍卫自己的权利。

科学家和哲学家重新画宇宙的图，不按照他们在学校里学过的那样画。

这已经是另外一种图了。

路变得离山峰更近，人变得离真理更近了。

死亡于是又来威吓保卫新事物的人们，像它从前威吓过阿那克萨戈拉一样。

斗争不仅在学术辩论会和宗教裁判所里进行，在每一个要做抉择的人的心里也都进行着。人的力量往往负担不了跟自身做斗争的重担。

皮科·德拉·米兰多拉就在这种斗争里精疲力竭了。

但是就在那同一座佛罗伦萨城里，在那同一个时期，已经有一个强有力的人，他不把力量用在跟自己做斗争上面。在他的心里面是没有什么争执的。

皮科·德拉·米兰多拉在两个时代的交界处犹疑不决地站住了。

列奥纳多·达·芬奇却迈过了这道边界。

当你想到列奥纳多·达·芬奇的时候，你会想到古代的思想家和艺术家。

你会想起伟大的雅典人菲狄亚斯，他和列奥纳多·达·芬奇一样，又是画家，又是雕刻师，又是建筑家，又是音乐家。

还想起来米利都的泰勒斯。

他和达·芬奇一样，是个科学家、工程师、哲学家、发明家。

在两个时代的交界上，人们会感觉到世界的宽广，因此他们的心也和世界一样地包罗万象。

泰勒斯曾经研究过星星，建造过桥梁，预测过风暴。他发明了水钟，他预告了日食。

他的眼睛企图包罗全宇宙——从黑暗的地下洞穴到透光的高空，从未来到原始。

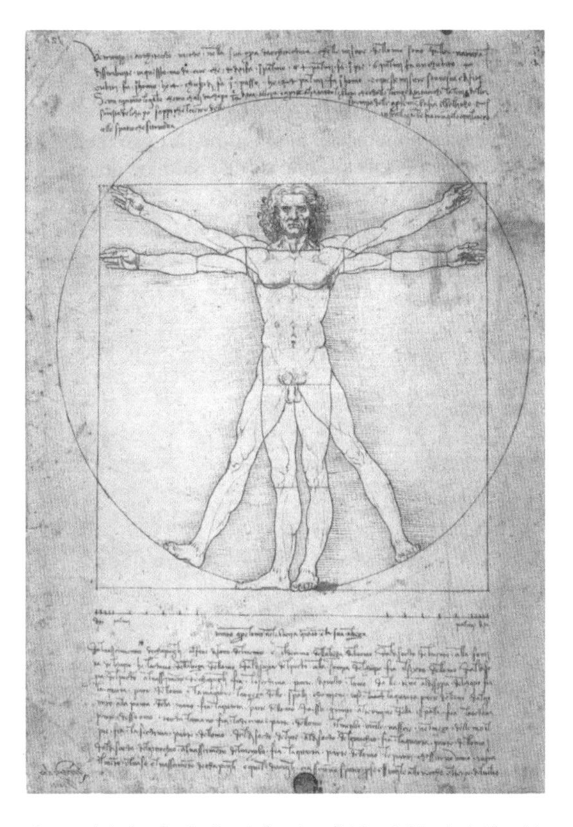

但是这位佛罗伦萨的天才更加宽广。在他的身上，学者的智慧、艺术家的技艺跟工程师和发明家的勇敢结合在一起。创造《乔孔达》和《最后的晚餐》的人的技艺是由佛罗伦萨的工场技师传授的。他的学生时代曾经消磨在雕刻师和金银匠的作坊里……

当你翻阅达·芬奇的手稿的时候，你会看见画家的素描跟工程师的图样并列在一起。

瞧，这是带着直到如今还没有人理解的微笑的、美丽女人的沉思着的脸。旁边是那同一只手在同一张纸上画的车床的草图。用几条线描出轴、曲柄和飞轮。那时在车工工场里还没有这种不间断地旋转的车床。

无论我们谈到什么——谈到车床还是谈到暗箱[1]，谈到眼睛的构造还是谈到永动机，谈到围攻堡垒还是谈到灯罩，谈到由人的手点着的烛火的燃烧还是谈到在空中放光的天体的秘密——我们都不能不想起列奥纳多·达·芬奇的名字。

每一个人都认为这个人是自己人：艺术家们说他是艺术家；工程师们觉得他是

[1] 暗箱是一种描写实景的装置，在暗箱后面放置一面倾斜四十五度的反射镜，在上方再放置一块毛玻璃，于是从箱的前面映入的外景就由镜面反射到毛玻璃上，把纸放在毛玻璃上，就可以照样描写。

个伟大的同行；音乐家们因为他曾经是音乐家而向别人夸耀；诗人们又在纪念他是个诗人。

道路在山岭间盘旋了几千年，如今登上了新的山峰。

泰勒斯曾经从自己所处的高度看得很远。

展开在列奥纳多眼前的地平线却更加辽远了。

泰勒斯曾经觉得大地好像是世界海洋中间的一座圆岛。

在这座岛的边缘上，居住着不明底细的人——印度人、矮人。那时候不仅是美洲，连不列颠都还不可能看见。欧洲只能看到阿尔卑斯山，里海只在地平线上露出一点儿，它好像是大洋的一个海湾——在那个时候，另外那边的海岸还隐没在云雾里。

列奥纳多·达·芬奇从他的时代的高度，看到的更远。他已经能够清楚地辨别出印度和中国。他的目光注视着渡过大洋的哥伦布[1]的轻快帆船。从雾里显露出来美洲的海岸，在美洲的后面又发现了另外一片古代人所不知道的茫茫大洋。

已经可以清楚地看出来，大地不是一个扁平的圆盘而是一个圆球。

站在列奥纳多四周的人还感觉到，这个圆球固定待在宇宙的中央。

但是列奥纳多已经站得比别人高。他看见地球只是别的许多星球中间的一个星球。

泰勒斯不得不从早晨的云雾里猜想万物的轮廓。那里眼睛看不出来，他就只好请想象力去帮忙。

列奥纳多已经用不着再猜想了。而且他也不相信猜想。“当真正的教师、确实性之父——实验说话的时候，猜想最好不要作声。”

实验不犯错误。我们的推论却常常犯错误。“不经过五种感觉中的一种检查过的学问是空洞的和充满错误的。”

---

[1] 哥伦布（约1451—1506），意大利航海家，1492年横渡大西洋，以后又三次航行，先后到达中美洲、南美洲沿岸和一些岛屿。

古代的思想家曾经倾听大自然的声音，但是他们很少叫它回答问题，很少用实验来验证自己的猜想对不对。

亚里士多德还曾经相信，如果把雏鸟的眼睛挖去，还会重新长出两只眼睛。而他竟想不到做一次实验来验证一下。

不过亚里士多德总算是善于观察的了。也曾经有过这样的哲学家，他们甚至连看都不看世界，就思考起关于世界的事情来。

列奥纳多不是这种人。他怀着艺术家的兴趣，仔细瞧着围绕着他的一切事物。他的眼睛检验理性，他的手检验眼睛。

他不只是简单地探讨火，他把灯罩放在灯的火焰上，然后写道：“哪里有火焰，

哪里就构成了气流围在它的周围。它是用来保护火焰的。”

他仔细研究一些古代科学家的著作，那些科学家已经明白了实验有多么大的意义。

在他的桌子上放着希罗[1]的著作，希罗就是发明开庙宇门的自动机和由蒸汽推动的轮子的亚历山大里亚的机械学家。

希罗所开启的工作中断了许多世纪，如今，聪明的手又在制造一种看上去跟活的一样聪明的东西。充满着温暖空气的人造鸟在向屋子的天花板飞去，它好像是个

[1] 亚历山大里亚的希罗（一世纪左右），古希腊的发明家、数学家和机械学家。

玩具，但是从这个玩具直接通向气球。

列奥纳多还想制造另外一种会飞的机器。他在计算、在画一个有空气螺旋桨的机器的图。如果转动螺旋桨，这个机器就会离地飞起，冲上天空。

他老是立在窗口几个小时，研究鸽子的飞翔。

瞧，这只鸽子用细腿摇摇摆摆地走着，走到了飞檐边。它飞的本领比走的本领高。它只把翅膀扑了几下，就离开了它立脚的地方飞起来了。它像用桨似的把空气向后划着，在屋顶上面飞。现在它被气流托住了，在空中飞翔着。时而张着翅膀不动，在空中休息着。

它在空场的上空，在风信标的上面，在尖塔、圆塔和桥上面兜了两个圈子——现在它正毫不费力地滑下来。它自身的重量送它向下滑行，就像在斜坡上向下滑一样。在离路面很近的地方它把翅膀展开得更大来减小下落的速度。最后，它为了缓冲，又扑了几下翅膀，就轻轻地着地了。

这只没有智慧的鸟知道多少飞行的方法啊！

而天赋智慧的人却还被锁在地面上！

列奥纳多目测着从他的窗口到路面的高度。

假使跳下去的话，一定会在石头上摔伤的。

难道没有法子停留在空中，或者退一步，想法子下落得慢一点吗？

他久久思索这个问题，还制造出了模型。瞧，在他的笔记本里出现了一段笔记：“关于人可以从随便多高的地方降落的方法。”像这样，在最初的飞行家使用降落伞之前三百年，降落伞的概念就已经产生了。列奥纳多超越了人类。

十二册记着他的笔记的稿本在米兰图书馆那布满尘埃、被人遗忘了的手稿和书籍中间躺了许多世纪。

列奥纳多是在 1519 年逝世的，他的笔记本直到十八世纪末叶才被人发现……

从羽毛笔勾画的无数线条，产生出人的脸孔那活生生的轮廓。

从许多并在一起的和各自分歧的、拐到旁边又重新向前突进的道路，出现了一条人类的道路。

从黑暗的遥远时代走出了一个有生气的巨人。

我们是不是曾经真正地而不是在想象中在什么时候看见过他?

我们可能在列奥纳多·达·芬奇的工作室里，当这位巨匠跟一团乱麻般的线条、颜色、阴影，跟汹涌而至的形象、构思、幻像一个一个地做斗争的时候看见过他。它们在他的周围缭绕，要求他给予它们看得见的形状和在世界万物之间的地位，要求他把它们整理得井井有条，整齐划一。为了做这件事，匠师必须先克服自己，使那些最难管理的东西——灵感的冲动——受到创造欲的支配。

艺术家的手不应该知道有害怕两个字，构思应该是鲜明清晰的。

他掌握了自己，他是自己全部力量的主人。

他的面容是安详的。在一圈白胡须当中紧闭着的嘴唇表现出聪明的意志，白眉毛微蹙着。但是这不是表示愤怒，而是表示精神集中。

眼睛在高高的额下向前面凝视着。

这是明亮的窗子，扩大了自己的境界的心从这两扇窗子里洞察世界的无限。

第七章

人跨过了大洋的门槛

当列奥纳多已经想怎样征服空气海洋的时候，和他同时代的人们还在忙着征服自己行星上的水域。

人在陆地上看见了多少新奇的事物，游历了多少地方啊——从寒冷的北方的海到马达加斯加，从直布罗陀到苏门答腊！

现在大洋躺在他的面前。

自古以来，人就感觉到，大洋是世界的边缘，是围绕着世界的水的墙壁。

阿拉伯的水手们曾经说：从前有一个巨人赫拉克勒斯[1]，他在大洋的门口竖了一根石头柱子，在柱子上写着："不许再往前航行。"这是由腓尼基水手传到希腊水手那儿，又从希腊水手传到阿拉伯水手那儿的古代传说。

有的人说，在岸上立着的不是柱子，而是石头雕刻的赫拉克勒斯像。他右手的手掌伸向地中海，好像向每一个敢于乘船走近的人说：站住，一步也不许向前走了！

而在巨人的另外一只手里，握着一把锁住大洋的门的大钥匙。

人们就像这样，在地图上，在直布罗陀的旁边，画上一个手里拿着钥匙的巨人。

石头巨人挡住了活人的道路。

人还不知道自己的力量，还不相信自己的力量。

---

[1] 赫拉克勒斯是希腊神话里的英雄，神勇无敌，曾经完成十二次英雄业绩。赫拉克勒斯柱子指直布罗陀海峡两岸的岩石。

有一本巨著叫作《神曲》，它是十四世纪初意大利诗人但丁·阿利基耶里[1]写的。在这本书里，他就这样描写地球：

在小小的地上的山上面，耸立着一座巨大的山通向天球，通向居住在天堂里的圣灵和天使们那里。在另外的那个半球上，有一个黑暗的张着大口的漏斗形的大穴通向地心，这个大穴跟天堂的山一样巨大。

一圈一圈的地狱环绕着这个漏斗形的大穴。

有罪的灵魂在那里呻吟，在那里诅咒自己的命运。他们得不到安宁。有的灵魂像落叶一样地被旋风吹卷着。有的灵魂在地狱之火里永远在燃烧，一直烧不完。在地球的最中心，卑贱的人中间最卑贱的人——叛徒和卖国贼们——在冰窖里蜷曲着身体。圈子越深，受到的刑罚越发痛苦。

但丁把奥德修斯放在地狱的第一圈里。

机智的尤利西斯[2]之所以要受罪，因为他下决心跨过了大洋的门槛。

他到达了狭窄的海峡，
那儿赫丘利[3]曾经划下界线，
使谁也不得凭激情再往远处伸展。

但丁知道人的心情。他明白，人可能上升到最崇高最高尚的高处，也可能堕落到叛逆的深渊。他懂得激情的全部力量，激情会引诱人迈过已知事物的界线——到未知的事物那里去。

但是但丁是自己时代的儿子。他在不认识的事物前面还是低下了他那骄傲的戴着桂冠的头。他还相信，人的激情是有界限的，他还相信，被赫拉克勒斯用钥匙锁起的大门是永远不会在人们面前打开的。

但是在那时候，怎么能够不相信呢！

---

[1] 但丁（1265—1321），意大利诗人，早年参加新兴市民阶级反对封建贵族的斗争，曾经当选为佛罗伦萨共和国行政官，后因反动势力抬头被终身放逐。他的代表作《神曲》反映了中世纪后期意大利的社会矛盾，大胆谴责教皇和僧侣的贪婪专横。

[2] 奥德修斯在罗马神话里称作尤利西斯。

[3] 赫拉克勒斯在罗马神话里称作赫丘利。

那时候，水手们叫大洋是黑暗的海。

他们说，那里有蒸气从水面上升，像一片雾似的把太阳遮住。水蒸气形成的乌云飘浮在水的上空。当旋风袭来的时候，乌云被卷起，像水柱似的被旋风带着在浪涛间移动。大洋里的水黏得使船舶像陷在树脂里一样，一动也不能动。

那时候人们就是这样想的。

难道真有那么一堵墙挡着巨人的道路使他不能通过吗？

从前，水手们害怕从一个海航行到另外一个海。阿拉伯人把从红海通入阿拉伯海的海峡叫作“巴贝尔-曼特布”，意思就是“灭亡的门”。

但是在阿拉伯人中间也曾经有过敢于走过这扇门的勇士，而跟在他们后面的是一些胆子稍微小些的人。

如今已经到了出现不害怕跨过大西洋门槛的大胆的人的时候了。

是什么引诱他们到大洋里去的呢？

他们想找到一条到印度去的新路线。

但是还有旧的——比较近的路啊。

一条路是旱路——经过巴格达走向波斯湾。

另外一条比较便捷的路，是经过亚历山大里亚和红海的水路。

这条水路曾经有无数的船舶走过，假使在水上可以留下痕迹的话，会在浪涛间伸展着成千成万道泡沫翻飞的水沟。

如今，人们不走从前的那条路了，因为它被人挡住了。

谁能够把海挡住呢？

挡住了海的人

亚历山大里亚把一只手伸向西方，把另外一只手伸向东方，曾经伸了多少个世纪啊！

为什么如今沿岸的街上长满了青草呢？

为什么如今鸟儿在荒废的货栈里筑巢呢？

被人丢弃了的缆索在泊船的地方腐烂着。海浪撞不着船舷，就自由自在地跑进港口去。

在海上，难得看见船帆。但是不久以前，不是在这里能遇见差不多全球人的旗帜吗？

究竟是什么样的暴风雨把船赶走了，把亚历山大里亚沿岸街头上的混杂喧哗的人群撵散了呢？

干这件事情的，不是海上的暴风雨，而是人类历史上的暴风雨……

我们现在在编年史里找出 1453 年的世界，这是有大灾难和大战争的一年。

从亚洲又重新过来了侵略大军。

土耳其骑兵们在君士坦丁堡的街道上奔驰。苏丹穆罕默德[1]在庆贺征服拜占庭人的胜利。举行宴会的时候，他身前的桌子用许多砍下来的敌人的头装饰着。

成群结队的难民从拜占庭沿着所有的道路向

[1] 指土耳其苏丹穆罕默德二世（1432—1481），1451—1481 年在位。1453 年，他率大军占领君士坦丁堡，把君士坦丁堡改名伊斯坦布尔，作为他的奥斯曼帝国的首都，1461 年又占领拜占庭的残余领土，拜占庭帝国彻底灭亡。

西逃。人们拖儿带女，还携带着自己的衣物。

学者们又重新忙于从蛮族人手里抢救走他们认为最宝贵的东西：书。

正像蚂蚁从毁坏了的蚂蚁洞里搬蚁蛹一样。

希腊哲学家的著作为了给自己找避难所，出发到邻国意大利去。

而土耳其人却越走越远：向北走到黑海沿岸，向南走到叙利亚和埃及。

在克里木，热那亚的堡垒卡法陷落了。不论是堑壕还是高塔都没有能够挽救它。所有的居民都被带走，在奴隶市场上被卖掉。

黑海荒凉了三百年。到了十八世纪，当俄罗斯的船舶开始在它的浪涛上航行的时候，已经谁也不知道这条海路了。对于暗礁和风向，甚至已经完全不记得了。这样，就不得不重新制作地图。领港人胡乱地引导着船。关于大海的知识是用很高的代价换来的：船舶沉没，人被淹死。

而这笔代价是从前已经付清过的啊——在远古，在希腊和俄罗斯的船舶在这片海上乘风破浪的时候……

土耳其人沿着海岸越走越远。

通往东方的门越关越严了。

土耳其的骑兵和近卫兵走到叙利亚的热闹城市，走到了埃及的金字塔。

亚历山大里亚变得又寂静，又荒凉。

先前，当罗马教皇下令禁止基督教徒和先知崇拜者通商，而埃及的苏丹们向不

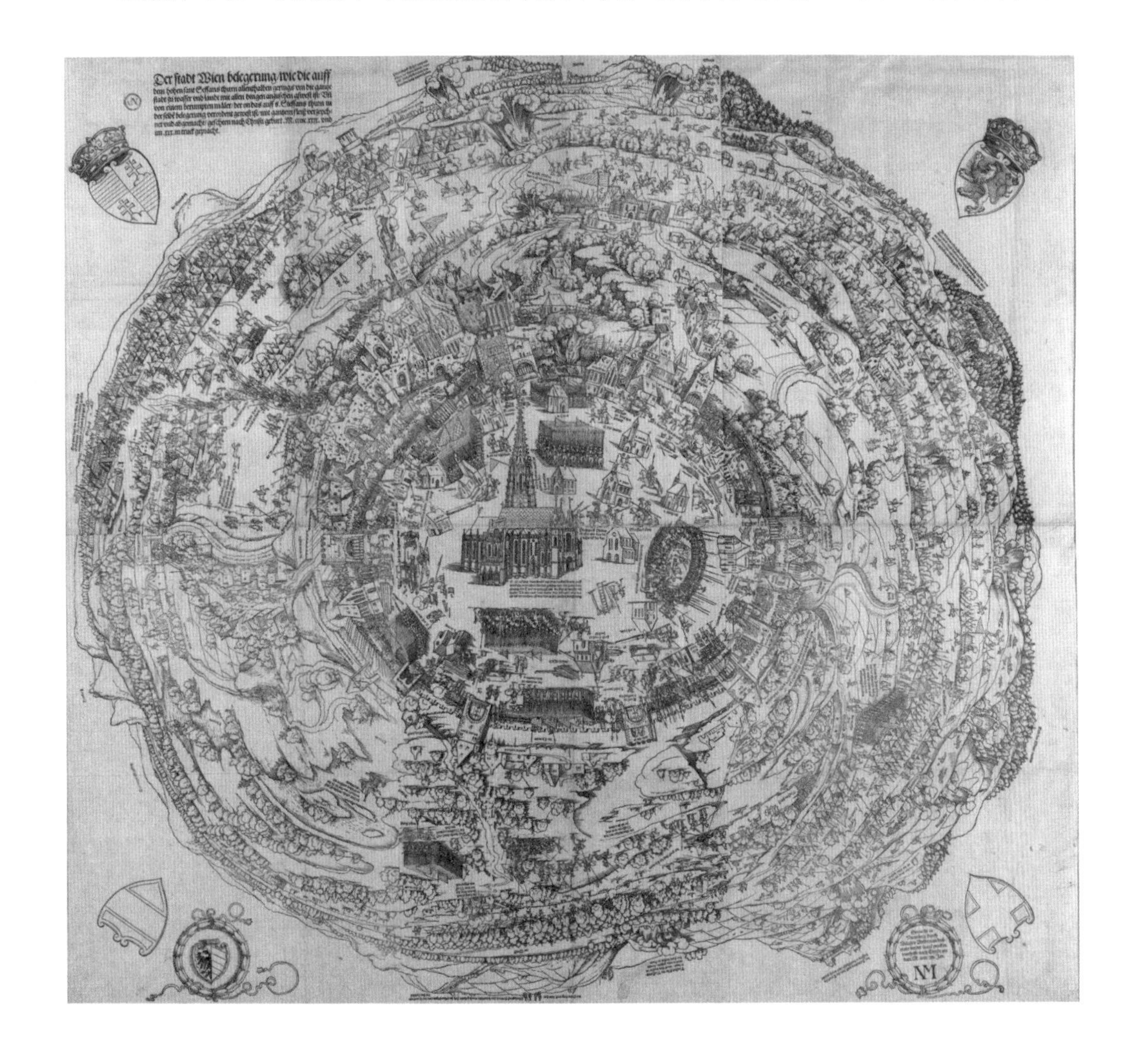

信仰先知的人的货物征收重税的时候，这座城市的生命就开始麻痹了。

但是这座海的都城——亚历山大里亚——所蒙受到的最大的打击，却是奥斯曼[1]土耳其带来的。

难怪他们说，安拉把陆地给了正统的信徒，把海给了不信仰先知的人。

他们觉得在马鞍上比在船舶甲板上舒服得多。

[1] 奥斯曼帝国是土耳其人所建立的军事封建帝国，1290 年建立，因创始者奥斯曼一世（1258—1326）得名。

联络西方和东方的道路一条一条都断了。

但是商人们很难放弃东方的财富。

两条发光的洪流在意大利的沿海城市——威尼斯和热那亚——相遇。

宝石、珍珠和香料的洪流从东方向西方流来。

杜卡托、弗罗林和列阿尔[1]的金河迎面向东流去。

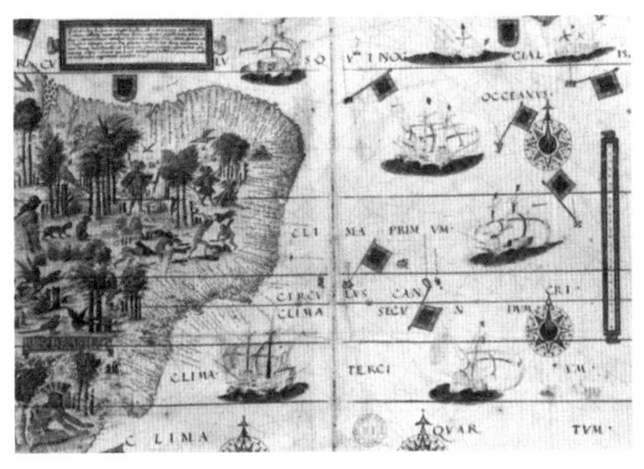

从东方运来五颜六色的中国丝绸，从西方运去颜色鲜艳的佛罗伦萨呢绒。

不知疲倦的人手一年比一年干得更加敏捷了。

纺锤已经让位给了脚踏式纺车，脚开始踏起新织机的踏板，帮助手干活了。

货物和黄金的洪流越流越快了。

人们问自己：假使这些洪流中最强大的洪流变浅了，将怎样呢？

那时候，地中海沿岸城市的生命将会枯竭，将会麻痹。机床将停下来，成千成万的技师和学徒将要失业。市场和集市将变得空无人迹。和王公一样有威势的、最有名的商人们将破产。

名手所画的圣母马利亚像、金铸的杯子、威尼斯上等玻璃制的高脚酒杯、最珍稀的古代手稿都将从他们的豪华宫殿流入收购商人那贪得无厌的手里去。

[1] 列阿尔是古代西班牙的一种小银币名。

君主们的国库也将空虚起来——税收将不再流到它里面去了。

因此，有冕的国王和无冕的国王都装备了船舶，派它们出洋去。

他们向船长们说：

> 去找新的路吧。沿着岸边走或是一直走，反正走就是了：穿过暴风雨，穿过龙卷风，走在黏着的黑暗的海上，走在赤道的炽热的地面上，假使需要的话，就走过地狱的大门！

于是水手们出发了。

被暴风雨打碎的大帆船常常沉没，人们常常无音无信地失踪，他们的妻子穿上黑色的丧服，但是不停地有新的船从船台上下到水里去。

国王们情愿把自己的钻石抵押出去，商人们情愿把自己的财产全部卖掉，只要能够装备起一个探险队。

也不缺少乐于出发去长途航行的人。

小孩子们也逃出家门，藏在船舱的麻袋和大桶中间，想到童话之国去。

有比威尼斯和热那亚更加靠近大洋的城市，那些城市的居民也感染上了这种前进的激情。

大洋好像在号召人们到它那里去似的，舵手们常常从水里捞出雕刻得很精巧的木块，洋流常常带来没看见过的树木那有空洞的巨枝。

常常有装着刺着花纹的尸体的独木舟，冲到亚速尔群岛的岸边。

那边，在这片无边的大洋那边，一定有岸。

于是水手们的眼睛已经不能离开那大洋的远方，他们好像已经看见了在那后面有印度的庙宇和中国镀金的宫殿……

于是一艘接一艘的船舶通过了直布罗陀。

三个海角

船舶走过了直布罗陀，有的向右驶去，有的向左驶去，有的一直向前走。

向右驶去的，是热那亚的大帆船，它们会循着欧洲沿岸往前走。

水手们到了安特卫普[1]，在集市上卖掉了自己的货物，就一帆风顺地回家乡来了。

乘了两只大桡船一直向前驶去的，是热那亚人多利亚和维瓦尔提。他们想一直渡过大洋到印度去，但是黑暗的海把水手和船舶一起吞没了。

从大门口向左拐弯的是葡萄牙人。这些人行事比较谨慎。他们沿着非洲的西岸航去，但是走到波亚多尔角，被风暴吓住，停止往前走了。大洋好像在向他们说："不行！不许再往前走了。"

于是他们干脆给它起了个名字叫波亚多尔角，意思是"不行角"。

而且，他们觉得值不值得继续向前走呢？

从托勒密的时代起，科学家们就断定说，不能再继续向南航行了。在南方，天气炎热得任何生命都没法生存。那里没有植物，也没有动物。而且非洲还像一道没

[1] 安特卫普是比利时的大商港，十三世纪建市，十六世纪的时候是欧洲最繁荣的商业城市。

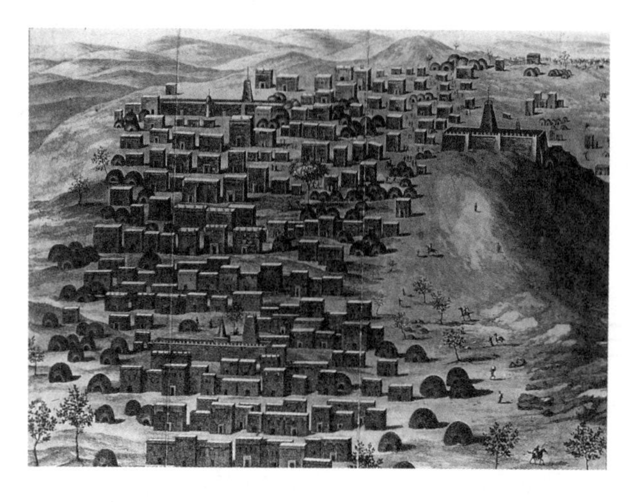

有缝的高墙，一直通到地极。没有法子从南方把它绕过去，这就是说，走这条路到不了印度。既然到不了印度，那就没有再继续往前航行的必要。非洲本身并不值得叫人为了它去冒生命的危险。

科学家是这样判断的。那个时候，人们只觉得非洲是到印度去的途中讨厌的障碍。

但是终于找到了敢于继续向前航行的大胆的人，他迫使“不行角”说“行”。

他们走到了最热的地方，差不多走到了赤道。看来，托勒密是错了。

葡萄牙人讲赤道地方的奇异事物，开玩笑说：“这些话，我们全是得到了托勒密陛下的允许才说的。在他所认为的不毛之地，居住着无数黑种人，而树木因为天热长得非常高。”

地图上出现了一个新地名：绿角。

在他们预期会看见黄色焦土的地方，却看到了一片青翠，到处都生长着棕榈和灌木。大象从丛林里窥视来客们，它的皮肤长得跟树皮一样高低不平，耳朵长得跟巨大的叶子一样……

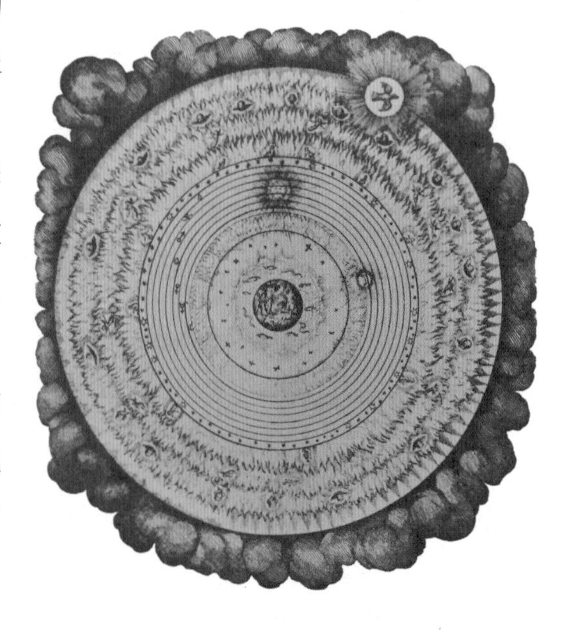

水手们的胆子越来越大。他们在岸上树立起刻有葡萄牙国徽的石柱，又在地图上用十字架和国旗记下这些地方，然后继续向前进。

十字架和国旗一英里一英里地向南推进。到了离地极还有几千英里远的地方，非洲海岸这堵墙突然向东边拐了过去。

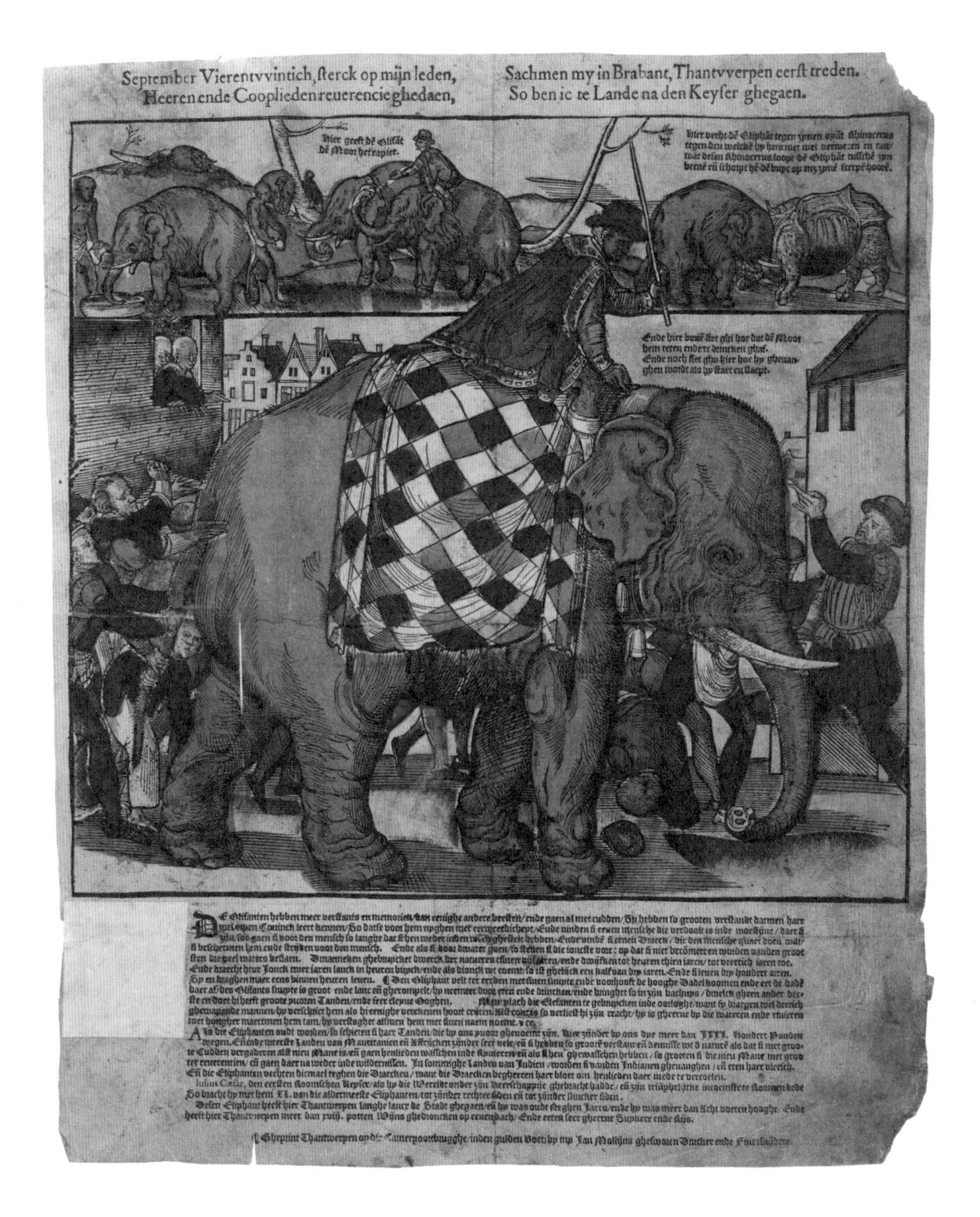

如今只要绕过非洲就是了，但这件事并不这样简单，风暴和逆风又拦在路上了。

葡萄牙水手在地图上又记下了一个非洲最南的海角——风暴角。他们没有决心再往前走了。

离岸前，他们的舰队长巴托洛梅乌·缪·迪亚士[1]靠在刻着国徽的石柱上立了很久。他舍不得离开它，就像和亲生的儿子告别一样。

另外一个海军将领被指定带船向东去——到印度的岸边去。

葡萄牙国王下令，把“风暴角”改名叫作“好望角”。如今葡萄牙人期望，这个海角不会妨碍他们前进。

[1] 迪亚士（约1450—1500），葡萄牙航海家。他于1486—1487年率领探险队绕过非洲南端，并在返航途中发现了好望角。1500年，随葡萄牙另一航海家卡弗拉尔去印度，航行到好望角附近海面，遇风暴罹难。

过了几年，“好望”这个目标实现了。

瓦斯科·达·伽马的船绕过了非洲，跟逆风急流做着斗争，向东航去了。

水手们终于看见了马拉巴海岸的高山出现在地平线上。葡萄牙人的船舶在印度城市卡利卡特[1]前抛下了锚。

瓦斯科·达·伽马的一个同伴这样叙述这一次旅行：

1497年，葡萄牙国王曼纽埃尔派出四艘船去发现和寻找香料。这些船的舰队长是瓦斯科·达·伽马。1497年7月8日星期日，我们在拉斯特罗启程。但愿我们这个奉了陛下命令的探险队能够有好的成就……

1498年5月17日，我们看见陆地，后来就驶近了卡利卡特城。我们的舰队长派了一个人进城去，在城里，他被领到两个会说卡斯提尔[2]话和热那亚话的从突尼斯来的摩尔人那里去。他们的第一句欢迎词是：“是什么样的魔鬼把你们带到这儿来的？”但是接下去他们就问，我们到那么远的地方是为什么。他回答：“香料。”……

皇帝躺在有许多最绮丽的靠枕的华丽卧床上接见了舰队长。他写了一封信给我们的国王，信是写在棕榈叶子上的，信里讲：“贵国的贵族瓦斯科·达·伽马到我们这里来了，我们很欢迎。敝国有许多肉桂、丁香、生姜、胡椒和宝石，我希望从贵国得到黄金和白银、珊瑚和红色呢绒。”

8月29日，因为我们应该发现的事物已经都发现了，我们的舰队长决定启程回去。我们都欢天喜地拥护这个提议。我们已经发现了许多伟大的事物。西方的人、东方的人、葡萄牙人、各国的人所尝到的香料都是从卡

[1] 马拉巴海岸是印度西海岸，卡利卡特是印度西海岸的城市。

[2] 卡斯提尔当时是一个王国，在今西班牙中部。

利卡特输出的。由于无风和逆风，我们在海上逗留了三个月差三天。我们的船员都害了重病，牙床肿得把所有的牙齿都遮没了，我们不能吃东西……

在这期间死了三十个人，以前也死过那么多。最后，每一艘船上能干活的只剩下七八个人，也都不是健康的。我们在海林达滞留了五天，饱尝了死亡威胁的我们每一个人，在经受了最后行程的可怕考验之后，充分地休息了一下。

我们在圣拉斐尔的峡谷下抛了锚，烧掉了用这个圣人的名字命名的一艘船，因为我们的水手已经不够用来驾驶所有的船了……

笔记在这一行断了。看来，写笔记的人也客死他乡了……

葡萄牙人发现了到印度去的海路，但是横渡辽阔的大西洋的人，不是他们。

当葡萄牙人慢吞吞地绕过非洲的时候，西班牙人和英国人正在向西穿过可怕的黑暗的海，一直航行到印度去。

热那亚和威尼斯的年老而有经验的水手们负起了指挥的责任。对于那些征服大洋的人们来说，地中海曾经是个很好的学校。

热那亚水手克里斯托弗·哥伦布到西班牙去见卡斯提尔和雷翁[1]的国王。

[1] 雷翁以前是西班牙西北部的一个王国。

威尼斯人乔瓦尼·卡波托[1]在布里斯托尔创立了一个商船公司。

哥伦布从此成了堂·克利斯托巴尔·哥龙[2]，西班牙的海军将领。

而卡波托开始把自己名字叫作：约翰·卡波特先生。

一个人渡过了大洋，到了西印度群岛，而过了几年之后，另外一个人发现了北美洲。

人类将记住两个日期：1492 年和 1497 年。

随在头几个大胆的人后面，成百的航海者驶向新世界。

巨人发现了新大陆

巨人迈出一步，他的脚就踏在美洲沿岸的群岛上了。

他从这个岛走到那个岛，渐渐走到了大陆，他在海岸上徘徊，渐渐深入到森林和草原。

在他前面的是新世界，是不像他原先住的那个世界的新世界。

在这里，强大的河流穿过巨大的森林。

河流在被寄生植物缠绕着的树木构成的绿色隧道里奔流，密林的搂抱使它喘不过气来。不过结果还是河流胜利。下雨的时候，它像海似的泛滥开来，把森林淹没。在一个地方站立了许多世纪的巨大树干，当河水冲来的时候，就屈服在它的脚下。河流让它们互相碰撞玩耍，好像因为自己胜利了，高兴得不知怎样才好。

离河口还有几百千米远，水就忽而高涨，忽而下落。

这是因为大洋在涨潮的时候，波浪涌进了河里，但是它不在河里停留很久。等到它最后和岸告别之后，继续在大海上旅行。在离大陆很远的地方，可以在咸水的

[1] 乔瓦尼·卡波托（约 1451—1498 以后），航海家，出生于威尼斯，后去英国，改名约翰·卡波特。1497 年，卡波特奉英王亨利七世的命令，从布里斯托尔港出发，向西航行，到达北美洲东岸，掠过纽芬兰的南岸，回到英国。

[2]“堂”是西班牙人对男人的尊称，这是把哥伦布的名字改成西班牙人的叫法。

海里收集几桶淡水。

在北方，大湖像许多大碗似的，一个躺在一个之上。于是水带着雷鸣似的巨响，从一个湖下落到另一个湖，成了世界上最大的瀑布。

巨人在大陆上走着。

他看见高耸入云的山。在它们的斜坡上面，生长着有最高的槲树四倍高的树木[1]。这些树已经有几千年了。当其中最老的树最初作为绿苗来到世上的时候，地球上还连一柄铁制的斧子都没有呢——人还不会炼铁。

巨人继续向前走。在他的脚旁，出现了像用巨犁划成的峡谷[2]。峡谷差不多有两千米深。从上面望下去，只能隐隐约约看见下面奔流的水。

巨人每一举足，都把从来没有受过惊吓的鸟惊飞。驼背的野牛毫无顾忌地走到他的跟前，挡住了去路。他不得不用石头和棍子把它们赶开。

人——巨人越走越远，逐渐掌握了这个新的世界。

发现的代价

我们说到巨人。

但是假使我们向历史的远处望去，也几乎认不出那一小撮勇敢的人，他们时而在这里，时而在那里，消失在森林和草原中间。

瞧，冈萨罗·毕萨罗率领了他的一小队人马，在穿过覆盖着积雪的安第斯山脉。那些人小心翼翼地在冻着冰的山岩上走，他们为了保持平衡，伸开了两臂走。这里高得连呼吸都感到困难，那些人都憋得喘不上气来，他们筋疲力尽。毕萨罗看见他的一个旅伴怎样掉下了悬崖，接着又掉下了第二个……

瞧，在另外一个地方，在南美洲的丛林里，克萨德和他的伙伴们正用斧子和刀给自己开辟道路。森林不愿放他们过去。寄生的藤绕住他们的手，气根缠住他们的

---

[1] 这指北美洲发现的巨杉，也称“世界爷”，高可达一百米，树龄有达三千年以上的。

[2] 这指美国科罗拉多大峡谷，深达一千八百三十米，长达四百四十千米。

脚。森林里有成千根刺人的针刺：蚂蚁、大黄蜂和蛇，不论昼夜，都不叫旅行的人得到安宁。每往前走一步，都要付出超人的劳动和人所不堪忍受的艰苦。

他们，这些从树脚下钻过或者在山坡上爬过的人们，显得多么渺小啊！

他们难道没有巨人的力量吗？

需要多少勇气、毅力和顽强精神才能干出他们所干的事情啊！

当水手纳法埃斯和德·法卡两个人走出密林，走到佛罗里达岸边的时候，他们找不到自己的船了。舰队没等他们回去就开走了，但是这并没有使两个水手泄气，他们下了决心，即使造不了大船，至少也得造两只小帆船。

于是他们就几乎是赤手空拳地着手造船。

他们没有斧子，没有锤子，没有钉子。他们从皮靴上拆下了踢马刺，从马鞍上取下了马蹬。他们把一切铁制的东西都熔化了。他们用鹿皮制的风箱扇炉里的火。他们打出了锤子之后，又用它来打绊钉和钉子。

船需要帆，他们用衬衣缝制了帆。需要缆索，他们用藤拧成了缆索。

小船造好了，这两个人就乘了由踢马刺和马蹬改制的钉子所造的小船，驶入了大海。

你们瞧，鲁滨孙其实就是从他们那里学来的进取心和顽强精神！

人——巨人在新大陆上胜利地走着，但是每一个单独的小人是多么难于取得这个胜利啊！

在热带的丛林里，甲胄由于潮湿，由于沼泽地的湿气而生锈，帽子和短褂都碎裂成一块块了。

在森林里，有毒蛇咬人。有鳄鱼咬住落到河里去的人。

为了逃避野兽，夜晚，人们只得睡在高吊在半空中的吊床里。但是那样也常常有能够毫不费力地爬上树来的豹偷袭睡梦中的人。

旅人们还往往会挨饿。有的时候，他们甚至于饿得煮了皮带、腰带和鞋底等东西来充饥。

而且新大陆上并不是没有人居住的，客人在家里碰到了主人，双方之间的和平很快就被破坏了。

在新大陆的岸上响起了炮声，如雨的毒箭作为回答飞了过来。

为了发现新世界，主人和客人所付出的代价都不小。

而主人尤其倒霉。

西班牙人没把印第安人当作人。那时候在美洲，马还很少，于是，印第安脚夫就代替了西班牙的驮马。长途行军的时候，脚夫们得掮着炮架、沉重的锚和船上的索具走。

在西班牙的领地上，印第安人在矿山里挖银子，印第安人在田地里耕种。

只要他们稍微有一点反抗，西班牙人就拿出残酷的手段镇压他们。把他们连同房子一起烧掉，放狗去追逐他们。

西班牙人带来了许多凶猛的虎头狗，教会了它们去咬人。当他们喊叫“托马罗！”——意思是“抓！”的时候，虎头狗就扑到印第安人身上，咬住他们的喉咙。

不幸的人们放声大哭，用手脚抵御，但是他们濒死的呼声只会引得西班牙人大笑。

然而这并不是什么新鲜事，早先，罗马人就曾经在科西嘉岛上像这样带着狗咬人。但是西班牙人的残酷更赛过罗马人。

分战利品的时候，狗分得的一份跟士兵的一样多。

曾经有过一只鼎鼎大名的叫作利奥西科的狗，它给它的主人“赚”了好几千弗罗林，连毛瑟枪队中的神枪手也赚不了那么多。

像这样，历史中最著名的一页上，竟印满了被狗所迫害的印第安人的血斑。

但是为了人类的荣誉，最初的来客之中也有不能忍受这种耻辱的人。

僧侣安东尼·蒙德基诺在他的每一次传道中，都指摘变成了野兽的人们的罪恶。无论什么样的恫吓都不能迫使他不说话。

尊贵的拉斯·卡萨斯[1]就把自己的一生都贡献给保卫印第安人的斗争。

对于新世界的发现，人付出了很高的代价。

整村整村的印第安人集体自杀：他们的生活变得那样难以忍受。

可是白人也不见得有多愉快。他们常常由于各种热带的热病、由于毒箭而死亡。有许多人在断头台上和绞刑架上结束他们的生命。

---

[1] 拉斯·卡萨斯（1474—1566），西班牙的多明我会教士，专门研究印第安人的历史。

来客之间也并不和睦啊。

船上的水手们对于吃生虫的干面包以及与风暴做斗争已经厌倦了。

他们想家，想故乡了。他们常常暴动，把船长关到船舱里去。船长们把暴动镇压下去以后，就把煽动的人吊在帆架上，或者送到没有人烟的荒岛上去。

在征服者所建的城市里，争夺政权和战利品的激烈斗争在进行着。

他们把克里斯托弗·哥伦布用链子锁了起来，依着他所发现的那条路，把他戴上镣铐送回了西班牙。

他们把瓦斯科·努涅斯·德·巴尔沃亚判了死刑。他是第一个看见太平洋的人，于是这个有名的西班牙人的头就滚在西班牙人所发现的土地上。

究竟是什么东西引诱人不顾所有的灾难和危险去深入新世界呢?

在南方，是黄金引诱了西班牙人前去。那些没有黄金的地方，他们在地图上标作“无用的地方”。

在北方，英国人和法国人占领了这种“无用的地方”。他们在森林里获取贵重的毛皮，用毛皮可以在欧洲的集市上换得同样的光灿灿的金属。

有的时候，人们追在幻影后面，走上几千公里。

冈萨罗·毕萨罗、克萨德、奥雷拉纳曾经探寻“镀金人”的国家——埃尔多拉多。英国旅行家兼诗人瓦尔特·劳利[1]也曾经寻找过它。

印第安人曾经讲给他们听，有那么一个国家，那个国家的首领像太阳一样放光：早上人们给他从头到脚撒上金粉，晚上他在河里洗去这金粉。

欧洲人相信这些传说，因此跋涉在美洲的丛山和森林间，去寻找埃尔多拉多。

也曾经有过一个旅行家，彭赛·德·雷翁[2]，他想找到青春的河。印第安人说，谁进入那条河，谁就可以恢复年轻时候的健康和精力。

地球上没有埃尔多拉多国，也没有青春的河。

但是在找寻它们的时候，人们找到了不是虚构而是真正的河流和国土。

毕萨罗和奥雷拉纳考察了大河亚马孙河。克萨德走到了奥里诺科河的上游。彭

---

[1] 瓦尔特·劳利（1552—1618），英国航海家、政治家。

[2] 彭赛·德·雷翁（约 1460—1521），西班牙航海家，他发现了佛罗里达。

赛·德·雷翁发现了佛罗里达，瓦尔特·劳利找到了圭亚那，并且在未来的美利坚合众国领土上建立了第一块英国殖民地——弗吉尼亚。

新的世界和旧的偏见

人发现了新世界。但是跟屡次的情形一样，他没有立刻明白，他进入的是新世界，而不是旧世界。

发现和看见是不容易的，但是人要明白他所看见的究竟是什么，就更不容易。

航海的人渡过大洋，希望找到一条新的海路走到印度和中国。

当在他的面前突然从大洋里耸立起一个从来没有见过的大陆的时候，他们自然不能马上领会到，他们是来到了什么地方。

他们原来想到达印度，却走到了美洲附近的岛屿上。

当哥伦布在途中不眠的夜里待在他轻快帆船的甲板上的时候，他常常梦想。他一再想到他所盼望已久的他的船驶入印度港口的那一天。

瞧，他们在海湾里抛下了锚，载着包头巾和缠包头布的人的许多小船包围住他们。有席制的帆和跟船桅一样长的桨的、笨重的中国帆船在周围摇荡。

岸上是一群喧嚷的商人、水手、脚夫和托钵僧。人群让开路，放一个骑在阿拉伯大马上，或是骑在颈上套着金链条的大象上的人走过去。

哥伦布走入印度公爵的宫殿。印度公爵坐在镶着宝石的宝座上接见他。阿拉伯的商人们照例是什么圈套都会设下的。

甚至船还可能遇到袭击。但是只消用一个炮弹，就可以叫这些强盗醒过来。

现在他的轻快帆船往回走了，它们吃水很深。它们的船舱，从下到上，满塞着贵重的货物——黄金、珍珠、芳香的白檀木、肉豆蔻、丁香、肉桂……

梦想是这样的。

但是实际情况怎样呢？

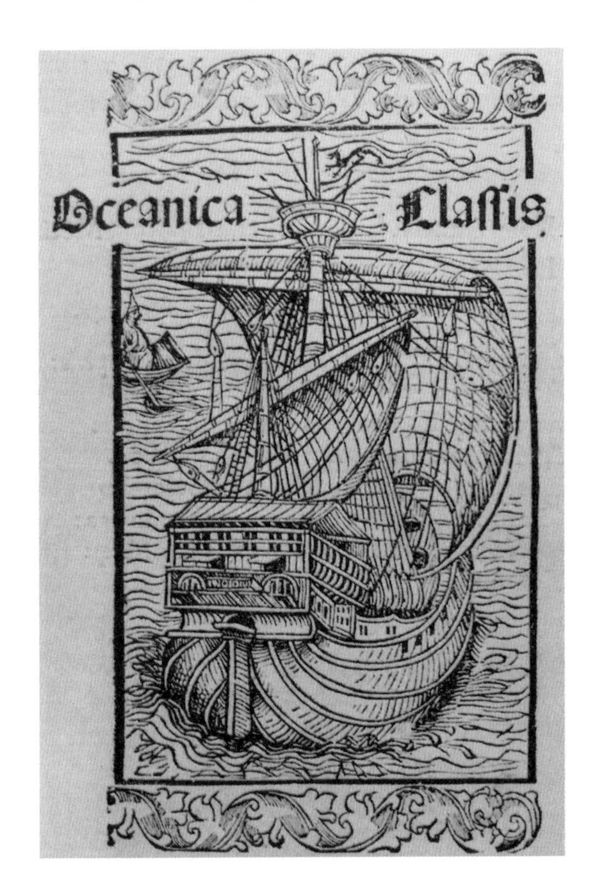

这里没有穿着富丽的衣裳的人们，却净是些不穿任何衣裳——不管富丽还是褴褛——的人。这里没有豪华的宫殿，却净是些小草房。

看不见套着金链条的大象，也看不见戴着金马勒的马。

海岸上满目荒凉，海湾里没有中国帆船在停泊。

哥伦布似乎应该明白，这不是他原来想去的地方。

但是他一心想看见印度，于是就在没有印度的地方看见了它。

他一分钟也不犹豫，就根据“印度”这两个字，把当地的土人唤作“印第安人”了。而我们直到如今，还跟着他重复这个错误。

在他面前的是荒凉海岸上少得可怜的小草房，他却认为这仅仅是富有国家里的贫穷边区。

当他留意到，有些土人的鼻子上穿着小金棍的时候，他终于认定东方的财富应该就在这附近的某处。

从潮湿的热带森林的深密处飘来阵阵的花香，但是哥伦布觉得，这是印度香料和印度香木的气味。

印第安人说“西薄”——意思是石头多的土地——并且指着西方。哥伦布却听成“西本”——那时人们像这样称呼日本。

印第安人说“卡拉伊伯”，他却听成“卡尼伯”——某一个蒙古部落的名字。

到了晚上，他就坚信不疑地在他的航海日志里写着，他现在在大汗的京城——克维塞——附近。

抵达古巴岛的时候，他派出使者去见那里的统治者。他挑了几个会说阿拉伯语的人，给他们一些调味料的样品带在身边，叫他们探听一下，这里的肉桂和胡椒多不多。他委托他们跟这个岛的统治者谈判，缔结他们和卡斯提尔国王之间的同盟。

使者们出发到岛的深处去了，他们没有找到大城市，只找到了一个只有五十所小草房的村庄。这里的统治者坐在光地上，接见了使者们。他不得不用手势来谈话，因为他自然是不懂得阿拉伯语的。在他看到调味料的样品以后，做出非常诧异的表情，告诉他们，他从来没有看见过任何类似这样的东西。

这一切至少都是奇怪的，但是哥伦布从自己的心里赶走了任何疑问。

他断定古巴岛是中国许多省里的一个省，而且强迫他的水手们发誓，说他们也

不怀疑这一点。

议事录里写着："谁放弃这个宣言，如果他是军官，就割去他的舌头，并且罚一千马拉维第[1]，如果他是水手，罚鞭笞一百下。"

当哥伦布在加勒比海上航行的时候，他毫不怀疑地认为那是印度洋，因此预备经由红海和亚历山大里亚回乡去。他曾经在巴拿马地峡附近的什么地方探寻恒河的河口。

哥伦布到海外航行了四次，但是直到他临死的那一天，他还坚信他到了印度附近，而且把埃西班诺拉岛[2]当成了日本。

历史嘲弄了这个大航海家。

他怀着旧的见解进入了新世界，因此妨碍了他明白自己所建立的伟业的整个意义。

他是新时代的最早的人中间的一个，但是他的头脑还是按照旧的方式思想。他相信，世界又小又狭窄，只要在大洋里航行几天，就可以到达东方的国家。在圣书里就说，陆地有海的六倍那么大。

他已经认为地是球形的了，但是他觉得它应该比较像梨而不像苹果。在梨生柄的地方，在地球上就正耸立着高入云霄的山，天堂就在这座山上。他不止一次地想到，他正在天堂附近的某处。

---

[1] 马拉维第是十一、十二世纪西班牙所铸的金币。

[2] 埃西班诺拉是海地岛的西班牙名字。

他瞧看那倒映在海湾里清澈水里的棕榈。暖和的空气里充满了各种香味，五颜六色的鹦鹉，一群群在绿叶上面掠过，跟亚当和夏娃一样赤裸着身体的人们在树底下徘徊。

于是他就欣喜地感谢神，把他带到了人间的天堂里来。

哥伦布的一生是一个大发现和大错误的故事。

这个错误使他损失不小：他所发现的大陆没有用他的名字来称呼，而用了亚美利哥·维斯普西[1]的名字。其实这个人什么也没有发现，但是他想到了亚美利加洲不是旧世界，而是新世界。

追随在哥伦布之后到美洲去的航海家们在那里不仅只找到了没有开化的人和石制的工具，他们在墨西哥和秘鲁还看了运河和堤坝、桥梁和道路、宫殿和庙宇。金制的飞禽走兽的体态、颜色鲜艳的织物、画着彩色的象形文字和图画的花瓶，都使他们赞叹。

在这里，过去的人类还是存在的。在北美洲的森林里，人们还像原始猎人一样生活，他们还在想用巫术的舞蹈来求得野牛的同情，使它把自己的肉赐给他们。

在墨西哥，小村落——普韦布洛[2]——像爱琴海里的群岛上大家族的房子。首领蒙提楚马[3]像神话里的克里特岛上的国王米诺斯[4]一样，坐在自己宫殿里的宝座上。

在南美洲，农人们在庙宇里向太阳祈祷，这会使我们想起古代的埃及，而宗教的大首领们，就和法老[5]们一样，能够支配顺从的臣民的生和死。

这是人类历史的三大阶段。

---

[1] 亚美利哥（约1454—1512），意大利航海家，生于佛罗伦萨，后来为西班牙和葡萄牙服务。1497—1504年间，他三次或四次航行到哥伦布所发现的南美洲北部，经实地调查，确定这块地方不是亚洲而是“新大陆”。后来就称这块大陆为亚美利加洲。

[2] 普韦布洛（pyeblo），西班牙语称美洲印第安人的村落的名字，这种村落由梯形多层平顶的整所城堡式的结构组成。

[3] 西班牙殖民者科尔特斯（1485—1547）于公元1519年率领几百名暴徒侵入中美洲的特诺奇提兰（现在在那里建立了墨西哥城），用野蛮手段残害那里的阿兹特克人。蒙提楚马是当时阿兹特克的军事首领，参看本书第一部第十章。

[4] 米诺斯是希腊神话里的克里特王，是主神宙斯的儿子。

[5] 法老是埃及国王的尊号。

但是从大洋外来的侵略者们不知道历史，也不明白他们所看见的是什么。

他们把家族的首领当作有统治权的王公，他们以为印第安妇女的巫术舞蹈是宫女的舞蹈。

他们把我们现在会放在博物馆的玻璃柜里保存起来的金制和银制的人像和杯碗用分量来论价钱。

他们毫不惋惜地毁坏掉还保留着旧世界的人早已忘掉了的古代文化的城市。

人环绕地球一周

过去的事物和现在的事物同时住在地球上。

当有些人还觉得世界是又狭窄又小的时候，另外一些人已经知道了世界有多么大。

当哥伦布的水手们登上海地岛的时候，他们问印第安人：

> 你们的国家叫什么名字？

“克维斯克维亚。”印第安人答道。

“克维斯克维亚”这个词在他们的语言里就是“世界”的意思。

接着，他们就开始盘问西班牙人：

> 你们是从哪儿来的？你们怎么会从天上下来呢？

从前，香树的国家本都的没有开化的居民用这样的问题问埃及的水手们。现在，当西班牙人听见这种天真问话的时候，也和埃及人一样大笑起来。他们已经知道世界很大，他们在自己的生涯中看见过不少国家和民族，在他们抵达海地岛之前，他们在大洋的浪涛间漂流了多少日子啊！印第安人认为是整个世界的这个岛，西班牙人给起了一个谦逊的名字“埃西班诺拉”——意思是“小西班牙”。

但是不久，世界变得更加辽阔了。

古时候埃拉托色尼[1]所预言的事情实现了：人第一次环绕了地球一周。

在探寻到印度去的西航路线的时候，麦哲伦的船从南面绕过美洲，横渡太平洋。麦哲伦没有能够亲自完成这件事业。死亡在亚洲的东岸迎接了他，挡住了他的去路。在和一个不出名的小岛上的居民偶然发生冲突的时候，麦哲伦被剑击倒，死在战斗中了。

但是要打死人——巨人，是办不到的。

当笔尖从一个学者的手里掉下来的时候，另外一个学者拾起了它，把已经开始写的一页继续写下去。当一个航海家在半路上死去的时候，另外一个航海家就站到舵旁去。

麦哲伦的情形也是这样。他的旅伴埃尔-卡诺站到了他的位子上，带领舰队五艘船中最后的一艘，回到故乡的港口。

船是向西边开去的，却从东边开了回来，就跟太阳一样，它在西边隐入大洋里，到早上又重新在东边升起。

埃尔-卡诺得到了一个徽章，徽章上刻着地球的图案和骄傲的题词："你是头一个绕行我一周的人。"

多少次，人曾经幻想走到世界的边缘啊！而如今他绕行了整个地球，看见它完全不是他从前所觉得的那个样子。城有边缘，岛也有边缘，但是世界是没有边缘的，它有另外一种规则。

在哥伦布和麦哲伦航海之后，地面上新的时代来临了。

满载金银的船舶从美洲驶出，在大洋上航行着。它们在半路上遇见了别的船舶，那是从非洲向美洲运活的货物——黑人奴隶的。这时候从印度载着香料的轻快帆船正在绕过非洲航行着。

大西洋变成了地中洋。

意大利的城市还在跟土耳其人争执，由谁来做那连接陆地的海的主人，而地中海已经不再是地的中央了。

从前，地上有过江河时代，那时候从一个部落到另外一个部落去，都是从河上

[1] 埃拉托色尼（约公元前275—前193），古希腊地理学家、天文学家、数学家和诗人。

走。后来，人们征服了海——开始了海的时代。

如今，在海的时代之后，连接大陆的大洋的时代来临了。

下一个时代是什么时代呢?

关于这一点，当列奥纳多·达·芬奇从窗口注视鸟的飞翔的时候，他就已经知道了。

地球变成了引起争执的苹果

在地中海的城市里，发现到印度去的新路的消息像一个大难临头的消息一样打击了所有的人。

在威尼斯，商人们急于赶到里阿尔托去，那里的市场上和桥头上，一早就有大群买卖人在喧嚷。在那里，随便什么时候都可以打听到香料的价钱，打听到一弗罗林值多少杜卡托，打听到头一天城里发生过什么事情，打听到外乡的商人们带来了什么消息。

在这里同时有搬运夫们把沉重的麻袋从肩头上扔到码头上，有小贩们在力图比对方嚷得更响些，有主妇们在活的蛤蜊堆和跳动的鱼堆间翻挑，有商人们在商谈贷款和合同的事情。商人们没有随身带着装货物的麻袋和大桶，在这里，他们只消说出货物的名字、价钱和数量就行。但是他们所说出的数字真是大得惊人。

一艘平底船停泊在岸边了。一个商人丢了一枚钱币在船夫的帽子里，就走进像拱门一样搭过运河的桥廊里去了。

他慌慌忙忙地向朋友和敌人们打招呼，现在顾不上算旧账了。

大家有共同的灾难，共同的忧虑。

“有什么新闻吗？”这个商人问每一个人。

“不好！”一个人说，“还是没有人要丁香。”

“肉豆蔻的销路也不比它强，”另外一个人接上去说，“大家都担心从卡利卡特来的货物。”

“领地的使节呢？难道他没有信来吗？”

“正是因为他来信了，大家才担心。在那些信里，只有坏消息……”

深夜，被白天的挫折和焦虑弄得意气消沉的商人点起蜡烛，拿出厚厚的笔记簿，写着：

24日，威尼斯领地的使节从葡萄牙寄信来。他是被派去探究葡萄牙国王所发起的到印度去的旅行的真相的，因为这个计划对于威尼斯国家比跟土耳其人打仗的关系还要重大。

他的信中说沉了七艘船，但是其余六艘船所带回的货物简直多得、贵重得没有法子估价钱。假使这种旅行还要再去的话，葡萄牙国王就可能被叫作金钱国王，因为所有的人都要到他的国家去买香料，钱也就要留在葡萄牙了。

当这个消息传到威尼斯的时候，每个人都感觉惊愕，竟会在我们的时代发现从来——不论是古代还是我们祖先的时代——没听过也不知道的道路。元老院议员们承认，对于威尼斯共和国来说，除了丧失自由之外，这是最坏的消息了。威尼斯国家之所以能够这样著名和尊荣，毫无疑义归功于连续不断地维持贸易和航行的海域。

假使从里斯本到卡利卡特的航线确定的话，威尼斯的平底船和威尼斯商人们就会缺少香料，而如果这个贸易不再经过威尼斯，这就像喂养婴儿的奶枯竭了一样……

意大利的城市受到了重大打击。

幸福的太阳已经在照耀着遥远的西方——大洋岸上别的城市了。

别的国家间开始发生争执，究竟由谁来统治海，由谁来做浪涛的主人……

大航海家们的发现说服了最不相信的人，使他们也相信地球和苹果一样是圆的。

国王们和大臣们、教皇们和红衣主教们仔细地瞧看纽伦堡的商人兼地理学家马丁·贝海姆所制的第一个地球仪。

马丁·贝海姆在球面画上了大陆和大洋、海和山。他写下这样一个题记来说明：

在这个苹果形的东西上，按测量结果画着全世界，好使任何人都不怀疑，世界很简单，到处都可以乘船或步行过去，就像这上面所画的那样。

贝海姆是一个很好的地理学家，却是一个很糟的政治家。他以为地球上再没有障碍和墙壁了，只要心里想去的话，到处都可以步行或者乘船过去。但是世界完全不是像贝海姆所想的那样简单。他几乎刚刚制好他的“地球苹果”，在这个苹果上就已经出现了一条把世界又重新分开的新线。

为了调停西班牙人和葡萄牙人，使他们和睦相处，罗马教皇亚历山大六世在地球仪的大洋上画了一条从南极到北极的线。

他把西半球给了卡斯提尔国王，把东半球——连印度一起——给了葡萄牙国王。

教皇很满意。他像一个慈祥的父亲一样把苹果分给两个孩子，好叫他们不再打

架。这个亚历山大六世是个老练的政治家，但他是个很糟的地理学家。他不明白地球苹果是不能这样简单切开的。

在地球仪上很容易画上一条线，可在没有法子立起界柱、设起关卡的大洋上，怎样画上那一条线呢？

在大洋上要发现这条看不见的线，只能依靠仪器和计算。确定经度是件复杂难办的事情。

现在，我们根据地方时的差别，用最精确的仪器来确定经度。

而那时候，连最大的钟楼的钟也只有一根针——时针。

在船上，人们用“船钟”——沙钟或水钟来测量时间，哪里还谈得上精确呢！

水手们最常利用天空的时钟来确定经度。在天空时钟的巨大字盘上，月亮代替了针，而星座是数字。但是月亮在天上有时走得快一些，有时走得慢一些。这种误差得用对照表来确定。而对照表也还不是很精确，因此事情就变得更加复杂了。

人们在大海上航行的时候，不知道他们在哪里。

船舶往往会偶然驶到别人的半球上去，当然他们也时常故意这样干。

那时候，大炮就在大洋上响起。炮手们把炮弹填入炮筒，点着引火绳，炮弹带着啸声掉在敌人的船舷旁，激起道道水柱。至于确定地理经度的复杂问题究竟怎样解决，那就要看谁强大就算谁有理了。

在海上，谁的大炮多、船多，谁就比别人强大……

因此在造船厂，锤子就越敲越响了。

西班牙人一艘船紧跟着一艘船下水。葡萄牙人也尽力设法不落在他们后面。

而在北方——在英国，在法国，在荷兰——木工们也不停歇地劳作。

造船需要木材。做船桅用的松树一棵棵地倒下，百年老树只剩下树根和干枯的针叶。

做锚、做钉子、做大炮需要铁。矿工们为了挖铁，越来越深入到地心里去了。水轮累得上气不接下气地抽出淹没矿坑的水。

国王手下的人常常巡视本国，从马上跳下来，敲着铁匠的被烟熏黑了的门。

国王需要大炮、炮弹、甲胄和剑！快点制作，快！

炉里日夜冒着火焰，沉重的锤子带着雷鸣般巨响向铁砧打去。

造三桅战舰需要船帆，需要几千俄尺[1]的厚亚麻布。

缝制士兵的军服需要几俄里长的呢绒。

到处，人们都在织布和纺线，工匠们在收新徒弟。一个作坊里有一打徒工，可人手还是不够用。

每一所小房子里，纺锤都在旋转，脚踏式纺车的轮子都在唱着歌。乡村里的农妇们、水手们的妻子，连很小的孩子们都在梳毛、理麻、纺线。

亚麻布和毛呢越来越多。商人、采办商、包买商们的箱柜里，金钱也越来越多。

昨天刚刚被募集去替国王服务的水手和士兵们在酒店里用崭新的军服向别人夸耀。

刚刚下水，还发散着树脂气味的船舶在港口里扯起了白色的帆。

带着腥味和盐味的清凉的风初次考验了新的厚亚麻布结实不结实。

大型舰队一个接着一个驶到海上。

---

[1] 俄尺是旧俄长度单位，一俄尺约等于 0.711 米。

大炮从像小窗一样的四方形的舱口里森严地眺望着。

大家都得大干一番：不论是水手、大炮，还是船帆。

事态转趋严重了。

已经不是一艘船跟一艘船打仗，而是一个舰队跟一个舰队、一个国家跟一个国家打仗了。

他们为了什么事争执呢？

为了大洋上的路和大洋外的财富。

在大西洋是西班牙人当家，在印度洋是葡萄牙人当家。葡萄牙人得到了“苹果的东半个，连同印度一起”。

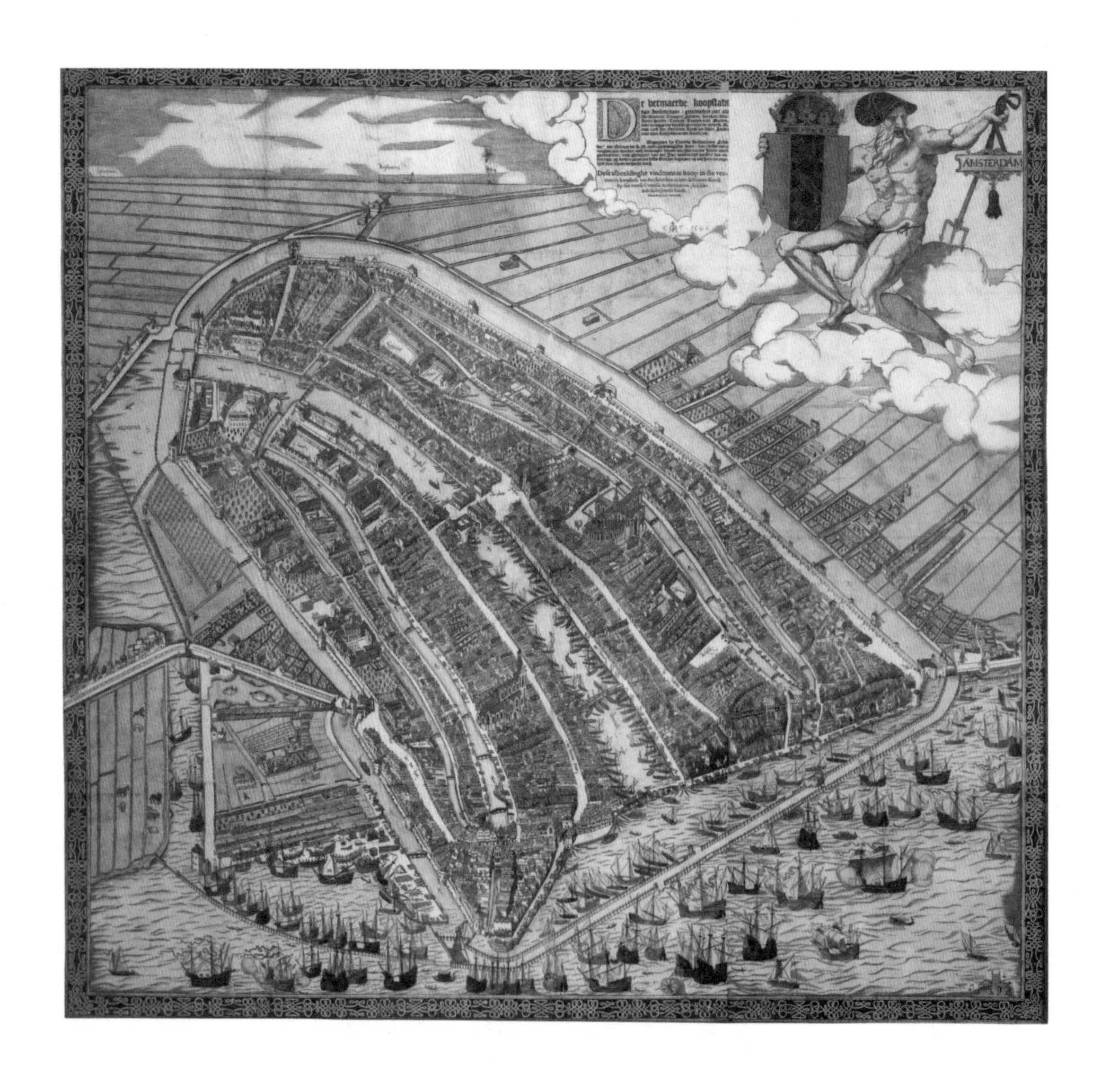

在锡兰、在苏门答腊、在爪哇出现了葡萄牙的海外代理处。从里斯本去的商人们摇摇晃晃地坐在轿子上，在巡视丁香园和肉豆蔻林。葡萄牙的船舶在运芳香的货物到欧洲去。

葡萄牙商人和官吏毫不留情地掠夺和残杀当地的土人。

印度人谈论他们说：“幸而神使他们跟老虎和狮子一样少，否则他们会灭绝人种。”

但是这些掠夺者有一个危险的敌人。

荷兰商人们非常不愿意在里斯本花三倍的钱从第二手购买香料。

他们的船舶越来越经常地出现在印度洋上了。荷兰的东印度公司在岛上不仅设立了海外代理处，还建立了堡垒。商人们放炮的本事和数钱的本事一样好，荷兰商人常常袭击葡萄牙的船。

不久，差不多所有的丁香和肉豆蔻都落入和国家一样有威势的东印度公司手里了。阿姆斯特丹的东印度公司仓库里堆满着香料。为了抬高香料的价钱，商人们毁灭了岛屿上的肉豆蔻林和丁香园。他们说：“全世界像神所创造的那样，不能买到五百磅以上的丁香。”为了使丁香不超过五百磅，他们把其余的全烧掉，使得周围几英里以内的空气里都充满着它的香味……

荷兰人拼命想法从葡萄牙人手里把他们的半个地球苹果抢过来。

而西班牙人想保住自己的半个地球苹果也不容易。他们的手是贪得无厌的，他们想尽可能多抓些黄金。但是这些手不爱干活。

卡斯提尔的骑士的后裔们说，西班牙人用不着干活和关心未来。他们从自己的国度里把勤勉的阿拉伯人和犹太人都赶跑了。他们指望不用特别劳动，靠抢来的西印度黄金就能发财。但是黄金不停地从他们懒惰的手里漏走——为了支出钱去购买荷兰、法国和英国的货物。那些在西班牙的海关，甚至在马德里有可信赖的朋友们的外国走私者才是靠和西印度贸易发了财的。

而且英国人也越来越经常派

遣自己的船到美洲去，他们不愿意承认半个地球一定得属于西班牙。

当西班牙的骑士后裔们把黄金花费在宴会和衣着上面的时候，英国的商人和手艺匠正在孜孜不倦地干着——造船，建立殖民地。

西班牙国王要求英国放弃自己的海外殖民地。英国回答说，他们想都不曾想过交出这些地方。这个问题又要由大炮和战舰来解决了。

西班牙的大舰队被消灭了。

到美洲去的路可以通行无阻了。

但是英国还有另外一个敌手——荷兰人。争夺大洋的战争继续着……

像这样，地球苹果变成了引起争执的苹果。

三艘船和北方大国的故事

当有些船长在开辟到印度和中国去的西航路线的时候，另外一些船长在考虑，能不能走东航路线到这些遥远的国家去。

1548 年，在伦敦成立了一个组织，这个组织的名字我们听起来会觉得很特别：“发现未知的和经海路至今未能到达的地区、岛屿、国家和领地的商人–企业家公司。”

发现北美洲的约翰·卡波特的儿子、著名航海家塞巴斯蒂安·卡波特[1]被选为公司的主管。

约翰·卡波特早已去世了，他的儿子都已经是个老人了。自塞巴斯蒂安最后一次踏上摇摇摆摆的船上甲板，到现在已经过了不止十年。但是他没有放弃少年时代的希望，没有放弃寻觅到香料之国去的新路的幻想。

瞧，他站在伦敦家中的窗前。这是一位身材高大的白胡子老人，他胸前挂着金

[1] 塞巴斯蒂安·卡波特（约 1472—1557），英国航海家。

表链，头上戴着一顶黑帽子，身上穿着一件镶毛皮边的宽大的衣服。画家荷尔拜因[1]把他画成了这样的一个人。

塞巴斯蒂安一只手托着地球仪，另一只手里拿着圆规。他的皱起的两道眉毛下，眼睛向前凝视着。他看见在他的眼前不是泰晤士河上的小船和货船，而是在北冰洋上航行的大舰队。

从前有一个时期，他曾经试图走西北路线，经过他那时发现的纽芬兰岛到印度去。现在他在计划另外一条路线——不是西北路线，而是东北路线。这次旅行用的船舶已经装备好了，它们是用坚固的、放了很久的建筑用木料造的，船上准备了足够吃十八个月的食粮和抵御海盗用的木炮。

塞巴斯蒂安·卡波特很想亲自率领探险队出发，但是他年纪太大了。他只能在想象中跟着船队走。

然而他并不是跟随着它们走，他超越了它们。船还没有起锚，他就已经看见在他前面是一片荒凉的地方，那里住着蛮族人，那里的人和大自然都很严峻。他好像看见了风暴和暗礁、冲突和毒箭，成千的危险在等待着水手们。

探险队的武器和食粮都装备得很好，但是这还不够，应该用亲切的忠告把水手们装备起来，以防发生各种生命危险。

塞巴斯蒂安·卡波特坐到桌前，拿起笔来，继续他已经开始的工作，写着：

> 第二十八节。假使你们看见有人在沿海的沙滩上拾石子、黄金、金属或随便什么类似的东西，你们的船可以走近一些，注意他们在拾什么。这时候应该打鼓或演奏别的类似的乐器，以转移他们的注意力，引起他们的想象，引起他们要看见点什么以及听你们的演奏和你们的声音的愿望。但是你们要坚决地保持安全，不要用任何举动表露出对他们的无情和敌意……
>
> 第三十节。假使你们看见居民披着狮皮或熊皮，而且拿着长弓和箭，你们不要怕这种态度，因为他们多半是由于惧怕外国人才带了这一切，而不是因为别的原因……

[1] 荷尔拜因（约 1497—1543），德国画家。

塞巴斯蒂安·卡波特把自己的航海家经验全都写在这一本为公司的船长们编著的指导书里了。他不想重复哥伦布的错误。

哥伦布以为，他会在大洋外找到富翁和有威势的君主的领地，但找到的却是一些住着野人的岛屿。

塞巴斯蒂安·卡波特对事物的看法比较冷静，他不用愉快的希望来安慰自己，他知道，探险队将经过许多野蛮的、荒凉的地方。他想尽量预料到船队在漫长危险的旅途中可能遭遇到的一切事情。

在指导书的结尾，他说出了希望，希望这一次的旅行将有很大的成就，并且给予他们的利益将不比东印度和西印度所给予葡萄牙和西班牙国王的利益少。他求神施恩给旅行家们。他用他颤抖的、老年人的手在最后一节的下面签了名，盖了章……

1553年5月11日，英国国王爱德华六世登基后的第七年，舰队在休·威洛比爵士的指挥下起了锚，慢慢地沿着岸边起程了。

据目击的人说，岸上聚集了成千的观众。宫廷里的人们都从格林尼治宫的窗子里、塔顶上眺望着。船队大炮齐发向国王致敬，炮声响得山鸣谷应。穿着漂亮的天蓝色军服的水手们在船上齐声呐喊，喊声大得天空都震动了。

舰队是由三艘船组成的："美好希望号""美好信誉号""爱德华——美好事业号"。

他们一天又一天驶向北方，驶向挪威海岸。逆风不止一次地阻滞他们，暴风雨也不止一次地迫使水手们把帆收起。

在芬马克附近的某处，起了大风暴，海上浪涛汹涌，船没法保持指定的航线，每艘船不得不各走各的路。"美好希望号"和"美好信誉号"在冰块间漂流了很久，好不容易在一条河的河口找到了躲避的地方。乘在旗舰上的休·威洛比爵士决定在这里过冬，就派出了许多侦察员向四面八方去侦察。但是他们没有找到住房，也没有找到人，就回来了。

第三艘船——"爱德华——美好事业号"——独自继续前往未知地方的旅行。

它发现了什么地方呢？

英国人克利蒙特·亚当斯是这样说的：

神把他们引到了一个长达一百英里或者比一百英里还长些的大海湾里。他们驶入了这个海湾深处，抛了锚。他们环视周围，寻找道路，看到远处有一只小渔船。

船长昌塞罗尔[1]带了几个人走向船那里，要和渔船里的渔人们结识，向他们打听打听这里是哪一国，住着什么样的民族，他们的生活方式是什么样的。但是被奇怪的模样和大船的尺寸吓了一跳的渔人们立刻就逃走了……

到现在为止，一切事情都是按照指导书来干的。接下来要做的只有一件事了，依照塞巴斯蒂安·卡波特的忠告，应该打鼓来引起当地居民的好奇心。可是他们没有用鼓，问题就解决了。

[1] 昌塞罗尔（？—1556），英国航海家，1553—1554 年曾到达莫斯科。

亲切的忠告是很好的东西，但是也不应该总是照搬。

渔人们把陌生人来到的消息传遍了整个地区。载着当地居民的小船开始靠近大船。这些地方的“总督”也来了。

克利蒙特·亚当斯写着：

> 我们的人知道了这个地方叫作俄罗斯或是莫斯科，伊凡·瓦西里耶维奇[1]（他们当时的国王的名字是这样的）统治着广漠的内地……

船长昌塞罗尔越深入这个国家的内地，他就越明白，莫斯科完全不像他那本卡波特的指导书所预告的那种荒凉的东方国土。

昌塞罗尔记着：

> 整片土地上都种着茂密的麦子，每天早上，你可以遇见七八百只载着麦子或鱼的雪橇。莫斯科本身非常大。我认为，那整座城比连同近郊在内的伦敦还要大……

昌塞罗尔在莫斯科看见了高墙围绕着的漂亮的城堡。城堡里有九座壮丽的教堂，沙皇的宫殿像古代的英国建筑物。

昌塞罗尔到未知的地方去，为的是找到黄金。

而如今他看见了很多黄金。这个英国

[1] 指莫斯科和全俄罗斯大公伊凡四世（1530—1584），1547—1584年在位，残酷多疑，人称伊凡雷帝。他1547年亲政后称沙皇。

人被领进一座宫里，那座宫就叫作黄金宫。它里面的桌子和碗柜上摆满了金制的食器。

客人从这里又被引到另外一座宫殿——膳宫里去，它虽然不叫作黄金宫，但是里面也尽是黄金。那里有金制的大杯，有足有一个半炮弹高的大金壶。碗柜前面站着两个肩头搭着餐巾的宫廷侍者。他们每个人手里都托着一只镶嵌着珍珠和宝石的金碗，这是沙皇御用的碗。不仅是送给沙皇吃的食物，给所有人吃的食物全都盛在金器里。盘子都很重，杯子也是金铸的。进餐的人有二百名，所有的人都是用金制的食器，伺候人的宫廷侍者也全穿着金衣裳。

外国客人像这样描写沙皇的宫殿。

但是假如我们除了外国人的笔记之外，没有俄罗斯人的话来佐证，那么关于那时候的莫斯科，我们就依然所知甚少。

我们知道，皇宫不光以黄金出名。黄金宫的四壁上画满了精美的壁画。

在门厅里，十幅画上描绘着古代军事指挥官约书亚的战斗和胜利[1]。这些画应该会使每个人都想起不久以前沙皇打败鞑靼人的胜仗。

宫殿的天花板上画着天球和基督，在他周围有一些裸体和半裸体的像：

[1]《旧约全书》有《约书亚记》，叙述犹太人古代领袖摩西死后，摩西的帮手嫩的儿子约书亚率领以色列人过约旦河的征战故事。

智慧之神和愚昧之神并列在一起，以及各种自然现象——空气和火、风、四季。

外国客人也在墙壁上和圆拱顶上看见取材俄罗斯历史的绘画，和从弗拉基米尔起的许多大公的像。

俄罗斯的德雅克[1]和波雅尔们尽力不看这些按照新法、“不照样子”、不照旧法画的画。

从前，在墙上只画圣徒，这里却和基督并排画着“一个态度轻率、好像在跳舞的小女人”。

干这一切都不是按照宗教，而是按照书本上的见解，按照沙皇所信奉的违背神的学问。

波雅尔们晃着大胡子和高帽子悄悄地议论，由于世俗的书本，古代的敬神习惯遭到多大的损害。

但是外国客人未必能听见这种话。波雅尔们总在大声地称赞沙皇，说他是“有绝妙的议论、渊博的学问和出众的口才的人”。

这一回虽然是阿谀，却也是真话。

伊凡雷帝是个有高深学问的人，他会背圣书里的和教父著作里的片段。他引用犹太人、希腊人、罗马人、哥特人、法兰西人的历史里有教育意义的事例来证实自己的话。在他的书信里，可以同时找到《旧约全书》里的国王和英雄们的名字：大卫、所罗门[2]、约书亚，和多神教的诸神和英雄们的名字，比如：宙斯、阿波罗[3]、埃涅阿斯[4]。

[1] 德雅克是音译，指的是莫斯科大公国时代的书记官。

[2] 所罗门是古代以色列王国国王（公元前十世纪）。

[3] 阿波罗是希腊神话里的太阳神。

[4] 埃涅阿斯是希腊神话里的特洛伊英雄之一。

按照沙皇的命令，人们在莫斯科的尼古拉修道院和别洛波罗德宫之间，建造一个“印刷书的工厂”。

熟练的印刷工人伊凡·费多罗夫[1]亲自车削制造车床用的螺丝钉，亲自铸造制作字母用的模子，亲自刻装饰画和大写字母。

沙皇知道，印刷的文字有多大力量。他希望印刷机去启发人们“由无知和笨拙变成智慧”，希望它巩固俄罗斯国家。

当波雅尔们乘车经过还被建筑木材围绕着的印刷厂的时候，他们皱着眉头，斜眼看那大门格栅和高塔。

王公们和波雅尔们不喜欢这些新事物。他们还没有忘记早些年，那时候每一个波雅尔在自己的世袭领地上都是君主。

如今，沙皇像个主人似的，把一切都揽到手里。他不宠爱也不照顾俄罗斯王公们的后裔。

从前，编年史作者叙述人民的“一条心”。《伊戈尔兵团战士歌》的歌手曾经责备过王公们，由于他们的互相倾轧，把敌人带到了俄罗斯土地上。

如今，王公们之间的互相倾轧和内讧都结束了。沙皇伊凡·瓦西里耶维奇用强有力的手抑制住了专横任性的世袭领地的所有者，使俄罗斯不再有许多君主，而只有一个君主，使俄罗斯成为一个统一的、坚强的国家。

---

[1] 伊凡·费多罗夫（？—1583），俄国最早的印刷工人之一。

STATV ARIA
SCVLPTVRA
ARCHITECTVRA
Typorum aeneorum
INCISORIA
Cornelius Cort fecit.

在新和旧之间进行着斗争。王公们和波雅尔们拥护旧事物——封建割据制度。土地少的封建领主们和在沙皇的军队里服役的贵族们拥护新事物——统一的国家政权。

人们不仅用火和剑做斗争，而且还用笔做斗争。

只要看那时候的书籍和信札，就可以清楚看出这种现象。

瞧，这是伊凡·佩列斯维托夫[1]的著作。这些著作还是波雅尔们掌权——伊凡·瓦西里耶维奇当上沙皇的头几年——的时候写的。

佩列斯维托夫是个官吏。他揭发波雅尔们是靠欺骗发财的“懒惰的阔佬们”。他对于波雅尔们竟把贵族变成自己的奴隶感到很愤慨。“如果一个王国里的人是被奴役的，那个王国里的人和敌人打仗的时候就不会勇敢，不会有胆量：被奴役的人是不怕羞耻的，不管他有力气没力气，他总不是为自己争取光荣。他会这样说：

[1] 佩列斯维托夫是十六世纪中叶的俄国著作家、政论家以及贵族阶层的理论家。

‘反正我是个奴隶，我不会再有别样名义了。’”

说到沙皇威望的时候，他说：“没有威望的王国，就像沙皇胯下的没有缰辔的马一样。”

下面是那个时代的另外一些书籍：《系谱》《历代人名录》。

这些书都是颂扬沙皇们和沙皇权威的华丽纪念碑。《系谱》是作者受沙皇最亲近的一个人——马卡里[1]总主教的委托而编著的。书里有十七“级”，按照大公的人数——从弗拉基米尔·斯维亚托斯拉维奇到雷帝伊凡·瓦西里耶维奇——共分十七章。

纪念碑有十七级。上面是伊凡雷帝的像——伊凡雷帝从弗拉基米尔数起是第十七位君主，从留里克[2]数起是第二十位君主。

有好几千个由宫廷书记和宫廷画家所绘的小画像的《历代人名录》也是这样华丽的一座纪念碑。在这本书里，叙述事件的故事和冗长的、庄重的、为了赞美莫斯科的君主们而写的论文交替出现。

但是那时候也有别的作品，在那里面旧的贵族坚持自己的权利。

我们看到了沙皇和王公库尔伯斯基的来往书信。

王公库尔博斯基是雅罗斯拉夫的王公们的后裔，他也是留里克的后裔。他看到

[1] 马卡里（1482—1563），1526 年起任诺夫哥罗德大主教，1542 年起任莫斯科总主教。

[2] 留里克王朝是俄罗斯国家的第一个王朝，公元十世纪基辅大公伊戈尔所创建。传说伊戈尔是罗立克的儿子。

整个政权都移到了莫斯科沙皇的手里，觉得很不服气。

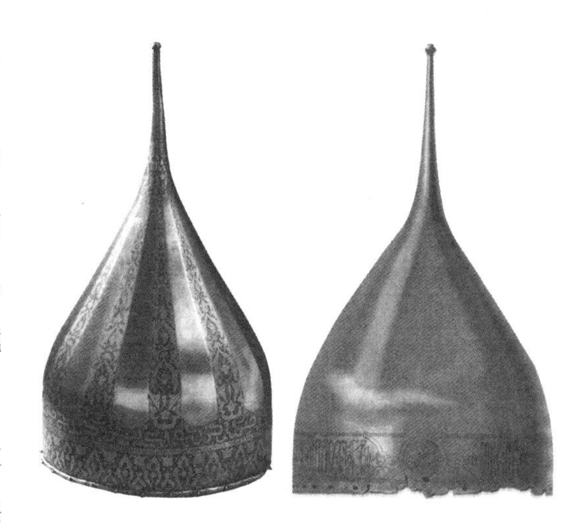

库尔博斯基逃出了俄罗斯，和俄罗斯的敌人联合了起来。为了辩明自己的行为是正当的，他给沙皇写了一封信。在这封信里，他逞辩才谴责沙皇的独裁“残忍凶恶”。

沙皇回了他一封“冠冕堂皇的和大吹大擂的”信——整整一本书。他愤怒地谴责叛徒，并且证明自己有权惩罚谁和赏识谁，有权做俄罗斯的唯一君主。

沙皇是个有学问的人，他的笔头很好。

但是他的敌人也是当时一个受过教育的人。库尔博斯基通晓亚里士多德的学问，他曾经翻译过西塞罗的著作。

他们的来往书信是两个雄伟的战士的决斗。但是一个人是拥护旧事物的，另一个人是拥护进步的新事物的。历史拥护伊凡·瓦西里耶维奇。

人们把这位沙皇唤作雷帝。事实上，他对于专横的波雅尔和外国敌人说来，的确是严厉的。而俄罗斯国家的敌人又不少。

从前，俄罗斯土地的大门，朝东和朝西都是大开着的。漫长的路经过俄罗斯土地“从瓦兰人[1]一直通到希腊人”。

现在，这些大门都关上了。在东方和南方，鞑靼人阻挡着出路。西边的俄罗斯土地被邻国侵略了。在波罗的海沿岸，利沃尼亚的骑士们在那里放哨[2]。汉萨同盟的商人们又不放外国商人和工匠到莫斯科去。

有一回，伊凡雷帝从国外请了一批有经验的人——有一百多人。铁匠、铸工、造炮的工匠、医生、药剂师和印刷工人都带了家眷和杂物动身踏上了漫长的旅程。

[1] 瓦兰人是古代北欧漂泊民族之一，据传古代俄罗斯初期公爵等就是瓦兰人后裔。

[2] 1558—1583 年，俄国为争夺波罗的海出海口曾经跟日耳曼人利沃尼亚骑士团作过战。1561 年俄国击败骑士团，占有大片领土，引起瑞典、丹麦、波兰、立陶宛的联合干涉。战争扩大，俄国战败，被迫放弃所占土地。

但是汉萨同盟的商人不放他们到莫斯科去，卢卑克的议员们下令把沙皇的使者关进监狱，把工匠们全赶散了。

朝西、朝南、朝东的大门都关上了，于是俄罗斯人尽力设法撞开这几扇大门。俄罗斯人在跟鞑靼人和利沃尼亚骑士团打仗。

东边的大门比西边的大门打开得早些。俄罗斯军队征服了喀山，占领了伏尔加，打通了从莫斯科通往从前阿法纳西·尼基京曾经带着货物去过的那些遥远地方的道路。

为了纪念这一次的胜利，沙皇命令在克里姆林的入口处建立七座用石头造的教堂，让它们作为俄罗斯国家力量的永久见证，立在那里。

技师波斯特尼克和巴尔马——“聪明的、干这种好事最适当的人”——着手干这件事。

他们不是按照上面给他们的命令去完成任务，而是按照

“神依照地基的大小所赐予的智慧”去建造的。

他们在同一块地基上，造的不是七座教堂，而是九座教堂，这些教堂构成了一个巨大的寺院。

中间的塔的尖顶高耸到四十七米高，八个小些的尖塔围在它的周围。砖垛一排一排地加高，建筑工人一步一步地升高，墙壁和墙壁间的距离越来越接近，墙壁的厚度也越来越减少。造每个拱门都必须运用智慧，使巨大的石头拱的重量能够均匀分散而不致压坏墙壁。

假使我们这个时代的建筑学家想造这样一座建筑物，他们必须先根据建筑力学的所有法则进行计算。

波斯特尼克和巴尔马能够不进行任何计算吗？

当然不能。

但是那时候人们还很少懂得力学规律。他们比起信赖计算，更信赖目测和感觉。

现代的工程师也未必能自夸有像波斯特尼克和巴尔马那样的目测能力。

这些技师们完成了自己的艰巨任务；他们的作品到现在还使建筑家们感到惊奇。

编年史的作者写着：“造好了一座石头寺院，各种式样和极多横梁真叫人赞叹。”

但是圣瓦西里教堂里最可惊叹的事物还没有立刻投入眼帘。必须在第二层的一个走廊里逗留一会儿，才能看见那可能使人感到莫名其妙的事情：水平的砖头砌成的天花板。

谁都知道，上方的圆拱顶是怎样被托住的：那里的砖是支撑在下方墙上的，但是水平的天花板怎么挂得住呢？

当人们拆开一个地方的天花板瞧看的时候，才知道技师们为了使它坚固，放进了一些铁条。

他们让铁来帮助石头——就跟我们现代的钢筋混凝土一样。他们超越了自己的时代三百年！

在俄罗斯，有过不少这种熟练的、“有心机”的技师。

在城市里、修道院里和沙皇的领地上，铁匠铺的规模很大。光是在基立尔-别洛捷尔斯基修道院的铁匠铺里，就有七个熔铁炉、七个风箱、七个铁砧。

在图拉、诺夫哥罗德的“铸炮所”里，有经验的炮匠在干活。他们会照老法锻制大炮，也会照新法用生铁浇铸大炮。有的大炮有几百几千普特重，浇铸它们难道是容易的吗？

他们为大炮锻制圆形光滑的铁炮弹，他们为火绳枪锻制和焊接铁条和铁环。

这里也不能没有技巧、没有知识。

俄罗斯的炮匠和铁匠们知道金属的性质。他们虽然没有在大学里念过书，但他们都是物理学家和冶金学家。那些在属于斯特罗加诺夫家的商人们的制盐所里熬盐的“大师傅们”又都是些化学家。

“大师傅们”知道“硬”盐汁和“软”盐汁的所有性质，会从随便哪种盐汁里取出盐来。

制造军队用的火药的技师们也是化学家。

矿工们在芬兰湾沿岸、在白海沿岸古老的乌斯丘日纳矿坑里，采着铁矿。他们在北德维纳河和奥涅加河两旁采云母，在伏尔加河上采硫黄。

探矿的人在沼泽地里探寻沼泽矿石的新矿床。

人们在跟大自然做大规模的斗争。强大的国家在驯服自己辽阔的地域。

对于驯服这样宽广的区域，工匠和工具都不够用。

那些不足的人和东西原可以从西方招聘和订购。

但是利沃尼亚骑士们的城堡和哨所阻挡住了向西方去的那条路。

只在北方，在德维纳河口的霍尔莫戈雷，剩下了一扇狭小的便门。

长久以来，俄罗斯的渔人和商人们乘着货船，沿摩尔曼斯克海岸到挪威去。

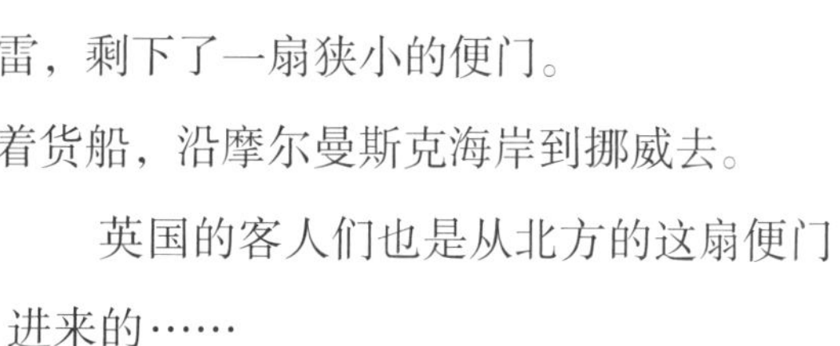

英国的客人们也是从北方的这扇便门进来的……

塞巴斯蒂安·卡波特所装备的三艘船之中，只有一艘平安地抵达了俄罗斯土地，另外两艘船——“美好希望号”和“美好信誉号”——的希望和信誉都没有实现。

据俄罗斯的编年史作者讲，1555 年冬天，卡累利人在摩尔曼斯克沿岸发现两艘船。

> 停泊在扎营地，船上的人都已经死了，船上的货物很多。

显然，这些英国人是没有经验的北极探险者，他们在冰天雪地里冻死了。

关于第三艘船——“美好事业号”——俄罗斯的编年史作者写着：

> 船从海上来到了德维纳河口之后，就自我介绍：英国国王爱德华的使节雷查特乘小船到达霍耳莫哥雷，和他一起来的客人……

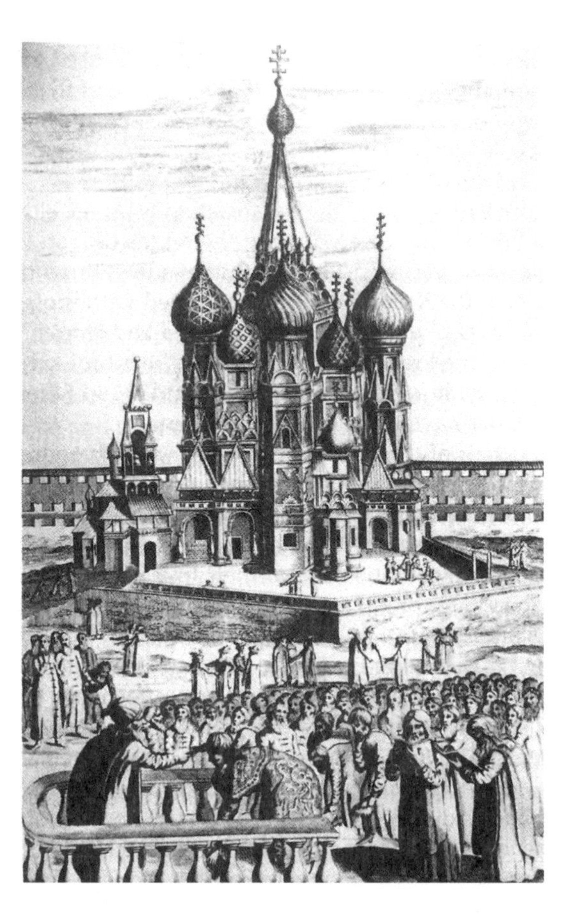

理查德·昌塞罗尔伪称自己是国王爱德华的使节，因此沙皇伊凡雷帝“赐给国王的使节雷查特和英国客人们土地，叫他们安全地从海外到俄罗斯国来做买卖，并且特许他们无阻碍地购买和建造邸宅”。

沙皇赐给英国商人们一所邸宅，在莫斯科的马克西姆-伊斯波维德尼克教堂旁边。

从那个时候起，英国船每年都驶进德维纳河口。

但是理查德·昌塞罗尔和他的船“美好事业号”怎样了呢？关于这些事，俄罗斯的编年史里什么也没说。

在我们沿着时代的旅行中，又得重换向导了。我们看到了英国人亨利·雷

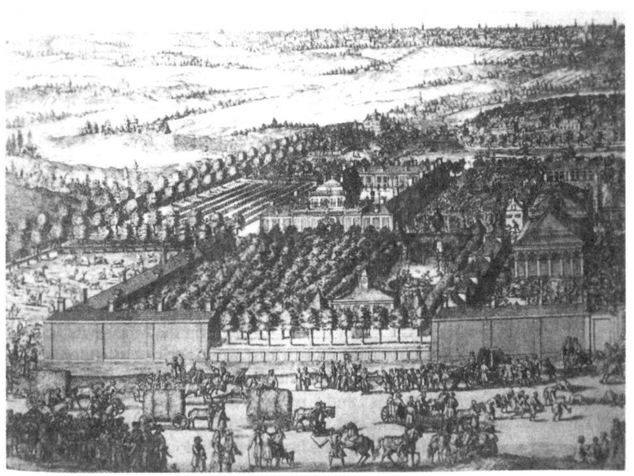

恩给他的一个朋友写的信。他说，昌塞罗尔又到莫斯科去旅行了一次。回到英国去的时候，他带了名叫约瑟夫·涅帕的俄罗斯使节一同去。在苏格兰岸边，“美好事业号”撞在岩石上，昌塞罗尔死了，俄罗斯使节好不容易才逃出了性命。女王玛丽和英国商人们派了船去接他，于是他就很受尊敬地被招待到伦敦去了。

“美好信誉号”和“美好希望号”还停在摩尔曼斯克，停在离贝辰加和那里的俄罗斯修道院不很远的冰雪里。英国派了船长和水手来取它们，可是那两艘船已经在两冬里腐朽了，因此沉没在归途中。

大图册

俄罗斯人不但开辟了到西方去的道路，也开辟了到东方去的道路。

那时候，关于东方国土——西伯利亚——人们所讲的都是些无稽之谈。

据说，在大石头——乌拉尔山——的那面，住着九种人。那里有嘴长在脑门上的怪人，有没有头而眼睛长在胸脯上、嘴长在两肩之间的人，有吃人的有毛的人。

都是些老朋友：我们在希罗多德的《历史》里，在叙述马其顿的亚历山大事迹的故事里和描写没有考察过的地方的许多别的书里，已经遇见过这些怪物多少次了啊！这些不存在的生物多么长寿啊！等到地球上不再挽留他们的时候，他们就会搬

到火星上去。

传说是很顽固的东西，它执拗地尽力想填充编年史里的空白页，也想填满地图上的空白点。

瞧，这是十六世纪一个外国旅行家所编制的莫斯科王国的地图。

图的西面半张上，整个被城市、江河和湖泊的名称占据着。那上面，标示城市和堡垒的极小的教堂、房子和塔等简直多得画不下。

但是在东面半张图上，找不到这种记号。不过这里也没有空地方。空白点都被小图画和注解填满了。这些小图画不是描写世上有的事情，而是描写没有的事情。每一条写在精致的框框里的注解都是一个小神话。

瞧，在乌拉尔山的那边，是鄂毕河。鄂毕河的那边，画着一个手里抱着小孩的

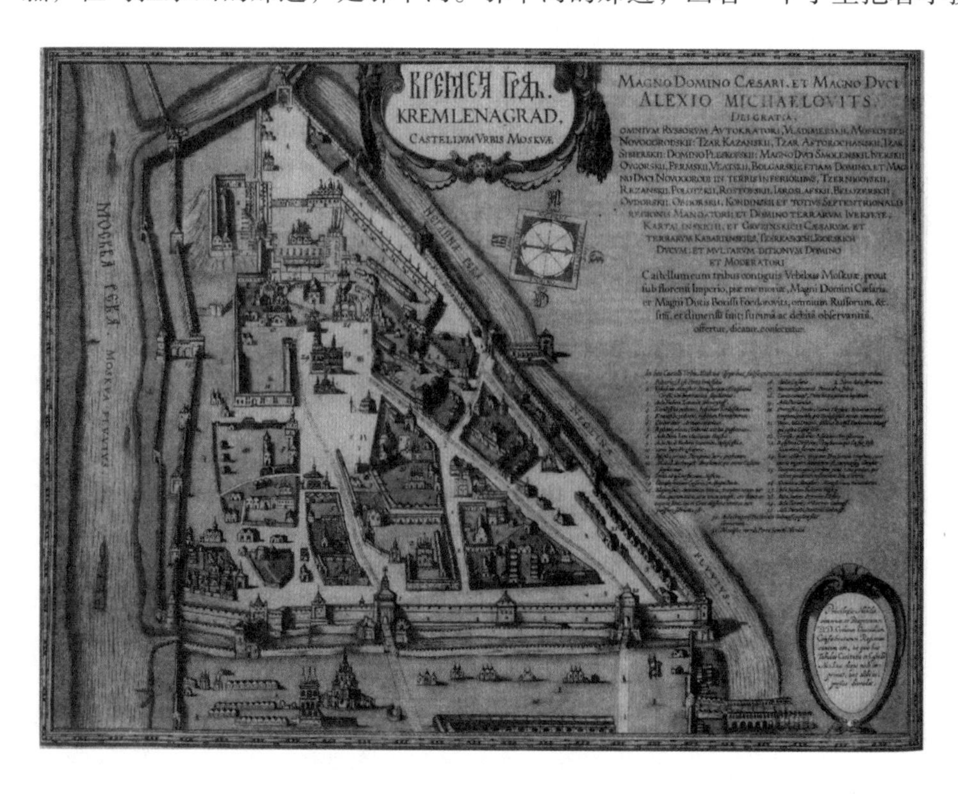

妇女像。注解说：“金婆，尤哥尔人和鄂毕多尔人都尊敬她。祭司们问她，应该干什么和应该把牧群移到哪儿去。偶像（真是值得惊奇的！）做了回答，而事情就很灵验地实现了。”

在哈萨克斯坦的草原上，画着骑马的人、骆驼、羊。注解是这样的：“这些像人、骆驼、马和羊的岩石曾经是一群放牧羊群和马群的人。由于某一种不可思议的变化，他们突然原封不动地变成了石头。这个奇迹是大约三百年以前发生的。”

从鄂毕河起往东，全是图画和神话——没有一条河，没有一座山，也没有一个城市。

鄂毕河是那个时候的欧洲人所知道的世界的东面边界。

要走到这道边界，得在黑暗的森林里走好几个月，得在寒冷的大河上航行很久。

在半路上——在卡马河上——有伏尔加地区的鞑靼人埋伏着等候袭击旅人们。

往往几百人到西伯利亚去，回来的时候却只剩几十人了。

然而最勇敢、最幸运的人带回来了很丰富的收获：一捆捆黑貂皮和貂鼠皮、海象牙、卡马河那边的银子和装饰品。这种用珐琅、小珠子和水晶做的有各种图案的装饰品是在遥远的布哈拉、在“乌尔坚奇”王国的能工巧匠制造的。布哈拉的商人们把它们运到阿尔泰和西伯利亚去换毛皮，而从西伯利亚的猎人那里，它们又落入了到西伯利亚去向奥斯切克人[1]和佛古尔人[2]收取贡税的莫斯科地方官的手里……

俄罗斯人向东方走得越来越远。

斯特罗加诺夫家的商人们在卡马河和它的支流上建立小市镇，使“有兴趣的人们”居住在那些小市镇里，熬盐、伐木和开垦处女地。许多哥萨克人——离开波雅尔和地主们，到森林和田里去的自由人——都到斯特罗加诺夫家去服务。那个时候，农夫们的日子越来越不好过了，他们既得向沙皇纳税，又得向地主交租。

税不停地涨：沙皇迫切需要大笔的钱来装备军队，来维持官厅——官吏们。

沙皇把领地给服务官厅的人们——贵族们——作为报酬。地主经常把自己的农夫们逼得破产，那时他就舍弃那块领地，调换一块新的领地。

皇帝的仆从们——近卫兵常常镇压暴动，践踏不服从的波雅尔们的世袭领地，农夫们却跟着一同倒霉。

他们的田地都被马踏平，房子都被火烧掉。

不是平白地就可以建起强大的国家的：必须靠人民出钱。

而农夫们常常逃出自己那连蟑螂都没有东西可吃的、被烟熏黑的没有烟囱的小房子，到草原和森林里去，到顿河和雅依克河[3]去，到伏尔加河和卡马河去，变成了自由的人。

他们靠渔猎和掠夺来维持生计，常常抢劫鞑靼人的村庄和俄罗斯人的商队。

沙皇的地方官们不允许赦免哥萨克“匪帮”。但是有的时候，也有哥萨克人来归顺，投入沙皇的军队里服务——保卫俄罗斯国家不受到鞑靼人侵犯。哥萨克亲兵们保护卡马河流域的城市不受到鞑靼人的侵犯，而且时常自己到乌拉尔山那面去，袭击鞑靼人和尤哥尔人。斯特罗加诺夫已经在额尔齐斯和托波尔建立城市了。沙皇伊凡雷帝把自己的名字叫作“全西伯利亚皇帝”[4]。

不过西伯利亚还没有合并到俄罗斯……

---

[1] 奥斯切克人是居住在鄂毕河和额尔齐斯河流域的民族。

[2] 佛古尔人是居住在西伯利亚秋明州的民族。

[3] 雅依克河是乌拉尔河的旧名。

[4] 1563年，伊凡雷帝自称“全西伯利亚皇帝”，任命叶尔马克（？—1584）组织哥萨克远征军，侵占了西伯利亚汗国首都西伯尔，开始了向西伯利亚的扩张。

在我们这里，恐怕都听过叶尔马克·齐莫菲叶维奇的事情吧。得有多大的勇气和毅力，才能够和一小批哥萨克人一同乘了几只小船出发去征服西伯利亚啊！

当火车日夜在平坦的西伯利亚草原上奔驰，当桥下流着西伯利亚的江水的时候，乘客们一面从窗口眺望这辽阔的大地，一面会想起叶尔马克。他觉得这真是个谜，一小群人怎么能征服这么多的土地。叶尔马克的队伍好像是草原的大洋里的一粒微尘，而微尘竟征服了大洋。

而且问题不仅在于地面的辽阔，西伯利亚恶劣的自然环境，它那齐腰深的雪、它的酷寒和风雪都反对那些哥萨克人，许许多多鞑靼人队伍也反对那些哥萨克人。俄罗斯人还不到一千人，鞑靼人却有几万人。不过俄罗斯人是武装着新式火器的。

鞑靼人说：

来了许多带着喷出火焰的弓的战士，只要把弓一推，就像从天上打雷一样。瞧不见箭，可是能伤人，能打死人，而且能打穿我们的甲胄。

叶尔马克的亲兵沿着河流走，一路回击围攻他们的鞑靼人。敌人总是出其不意地出现。

哥萨克人日夜不得安宁，故乡很远，而且它一天比一天离得远。

叶尔马克把哥萨克伙伴们招集到一起，向他们说：

我们往哪儿逃呢？已经是秋天了。江河开始冻冰了。我们不要给自己败坏名声吧……假使我们回去，那我们不但可耻，而且自毁诺言。假使全能的神能够帮助我们成功，那么，这些地方将永远纪念我们，我们的光荣将永存。

哥萨克伙伴们决定：继续前进。

俄罗斯人攻下一座又一座的鞑靼人城镇，向前挺进。俄罗斯人、鞑靼人、奥斯切克人和佛古尔人都流了很多的血。

后来，那些哥萨克人到达了鞑靼人的主要堡垒，鞑靼人在额尔齐斯河的高岸上筑起防御工事，库成汗亲自带领整支军队驻扎在那里。

俄罗斯人渡过了额尔齐斯河，猛扑鞑靼人的要塞——布满鹿寨的地方。他们在

这一场战斗中损失了一百多人，可是他们一共才只有几百人。

不过要塞拿下了，库成汗逃走了。

俄罗斯人获得了不少战利品：金银、宝石、成千张黑貂皮和貂鼠皮。

叶尔马克做了西伯利亚的统治者。但是他记得，他不过是“沙皇的仆从”。他立刻派出他的朋友伊凡·科尔措到莫斯科去，把新的西伯利亚统治权献给沙皇伊凡·瓦西里耶维奇。

俗语说：“谣言满地跑。”伊凡·科尔措还没有抵达莫斯科，已经有人报告了沙皇，“叶尔马克匪帮”在统治西伯利亚。波雅尔们把那些人叫作盗匪，只是因为他们抛弃了徭役制，换成了自由的哥萨克生活。沙皇给斯特罗加诺夫写了一封怒气冲天的信，可就在这个当儿，叶尔马克的使者到了。

沙皇亲切地接待了使者，把皮大衣从自己肩上脱下，给了他们的首领，又派了自己的地方官吏去帮助他。

而帮助是非常需要的。

叶尔马克在西伯利亚的处境很困难，鞑靼人时常袭击他的亲兵们。

在某一次战斗中，他们趁着黑夜把睡在额尔齐斯河岸上的那队哥萨克人都杀尽了，只有叶尔马克一个人没有死。他想逃命，可是沉重的甲胄把他带到了河底。

叶尔马克死了，但是许多队伍已经在跟着第一个队伍推进了。他们在西伯利亚的大密林里给自己砍出一条路，他们乘着小船在不知道名字的河上航行，有时候河流把他们带到其他方向去——带到北方、北冰洋沿岸去。

人们不得不跟冬天的风雪做斗争，跟夏天的溽暑做斗争。在他们的路上有钻不过人去的密林、卑湿的苔原和流冰。

但是无论什么都不能阻止这种前进——向太平洋和北冰洋前进。为了合并到俄罗斯国家，雅库特人、布里亚特人、通古斯人[1]都付出了惨重的代价。沙皇的地方官吏们、商人们和实业家们都开始压迫和掠夺他们。但是无论怎么样，这条艰苦的路是前进的路。因为西伯利亚的各族人比俄罗斯人落后了好几世纪。在北边，猎人们还不认识铁，他们还在用石头制造箭头。

和俄罗斯人交往以后，西伯利亚的各民族在历史发展的道路上走得比以前快了[2]。

有时候方圆几百千米不见人烟的广大空地和人烟稠密的世界合并在一起了。这

[1] 雅库特人、布里亚特人、通古斯人都是居住在西伯利亚的民族，布里亚特人也叫布里亚特蒙古人。这些民族都在沙皇俄国向西伯利亚的扩张中被征服。

[2] 这种说法实质上是扩张主义者的逻辑。

地方实际上不仅在地图上是一大片空白，在地面上也是一大片空白。

于是俄罗斯人着手填满这个空白点：建立城市，开垦草原，在大密林里开辟道路，在江河上架起桥梁……

在莫斯科，书吏在抄录《大图册》。在这本书里记载着通往莫斯科的所有道路。现在，把通往新的城市——秋明和托博尔斯克——的道路也记到它里面去了。大河鄂毕不再是世界的边缘了。

而在克里姆林，在一座沙皇的宫殿里，人们在绘制俄罗斯的地图。俄罗斯土地辽阔地伸展着——从北方的海到里海，从咸海到德涅斯特河。王子用笔在地图上指指点点，他的思想飞到很远很远：飞到石头地带——乌拉尔山的那边，飞到大河鄂毕那边，飞到西伯利亚的森林和草原……

像这样，莫斯科、伦敦、马德里、里斯本各地的人们，用共同的力量，创制了地球的地图、行星的大图册。

第八章

一页页的历史

从前，希腊人和波斯人、罗马人和迦太基人、拜占庭人和阿拉伯人、拜占庭人和俄罗斯人、威尼斯人和土耳其人——全都轮流地为了争夺海洋打过仗。船舶沉没过，海浪被血染红过。但是海不仅起分隔作用，它也起联系作用。在沿海各城市，各处的语言、风俗习惯、宗教信仰都混合了起来。船舶不仅载运了精巧的制品，也载运了艺术本身。科学家们从这一个地方旅行到那一个地方，把各民族的经验阅历搜集到一起，逐渐从许多种文化产生出一种文化。

如今，大洋的世纪来接替海的世纪了。

关于由谁来统治水上的旧的争执更加白热化了。

但是就是那些不肯在大洋上相遇的时候放过任何一个打仗机会的船舶，把人、动物、风俗习惯、树木、金属和外国语言的词汇从这个大陆载运到那个大陆。

除了自己家乡的刚果河或尼日尔河之外什么也没有见过的尼格罗人突然成为移民出现在密西西比河上。

在欧洲的田地上，来自美洲的客人——马铃薯和当地的主人——小麦并排生长着。在欧洲的语言里，出现了印第安人的词汇 какао、табак、маис[1]。港口里的商人和水手们一面唾着口水，一面吸着从前谁也没听说过的提神的毒草的烟。在巴黎的咖啡店里，店员们给客人们送上用胡椒调过味的墨西哥巧克力。客人们小心翼翼地咽着它，生怕这种芳香的海外饮料会烧坏他们的脾胃。

在美洲的草原上，变野了的欧洲马群在吃草。可是不久以前，印第安人看见马，不是还像看见了从来没见过的怪物一样吗？看见两个头的怪物——骑在马上的人——的时候，成千个勇敢的战士都吓得逃跑了。当这个怪物变成两个的时候，当人从马背上跳下来的时候，他们更是吓得要命。

从前被成千公里的水面和陆地分隔开的那些事物开始很快地混合起来了。

在新的大陆上，民族、语言、风俗习惯、植物、动物用一种新的方式在掺混。在大洋沿岸的美洲城市里，跟古代的亚历山大里亚一样，可以看见各种肤色的人，听见几十种语言的话。

在人的历史里，新的一章开始了……

让我们一页页从头翻起。

瞧，这是最早的一群猎人到河边去找制造燧石刀矛的材料。

瞧，几千年后，在那同一条河上有独木舟在航行着。人们在把自己涂着简单花纹的瓶和罐运出去换东西。这些陶工们已经知道，世界上不只有他们一种人。

一页一页的历史在我们眼前掠过。

在海岸边建起了一个城市。港口里有船在摇荡着，它们是从别的城市和别的国

[1] 这几个俄文词的词源来自印第安语，意思依次是可可、烟草、玉米。

家来到这里的。已经不是河而是海在使各族联合起来了。但是海也分隔开他们：城市和城市之间在进行着争夺海路的战争。

在这些一页页的书上，有多少次战争和新发现、胜利和失败啊！

哥伦布的轻快帆船在横渡大西洋，俄罗斯的队伍在走向太平洋……

又过了几世纪，人们升到空中去了，开始了空气海洋的时代，已经不仅是在海上和陆上，空中也在进行着残酷的战争，过去所有的战争在它面前都将相形见绌。

不过，从另一方面说，哪一片海、哪一片洋能够像空气海洋一样，使各民族彼此接近呢？这个海洋的岸到处都是，每一座城市都可以做它的港口……

我们跑得太远了。现在展开在我们面前的书页上，人们不但离飞机，而且离火车都还很远呢。

他们骑着马在陆地上行走，乘着装有船帆的船舶在大洋上航行。

世界变得很难认出来了

从前，人们住在自己的领地上，住在乡村里，不知道离他们很远的地方发生些什么事情，像那种安静的、从容不迫的生活已经消失不见了。人们不再待在一个地方了。

在王家大道上，载着货物的车队在走着，套着一排马的四轮轿形马车在车辙里颠簸，左右摇摆着。

道路状况依然很差。套上六匹马不是为了奢华，而是必需的。当沉重的马车陷入泥坑的时候，就不得不从附近的村庄借几匹马来加在套上。于是它们——地主们用燕麦饲养的骏马和农夫们吃惯了稻草、做惯了苦活的驽马——就一齐使出全部力量来把巨大的车轮从黏着的烂泥里拖出来。

不过，有的地方，人们已经在用碎石铺路了。走在这种路上面，乘客们酸痛的腰也可以歇一歇，赶马车的也可以略打个盹儿，不用怕一震动就从座位上给颠下来。

赶路的人就骑着马奔驰。带着一袋袋货物样品的商人们骑在安稳的马背上，迈开了小步子走。世上最早的邮递员，包里带着信和包裹，骑着马疾驰。

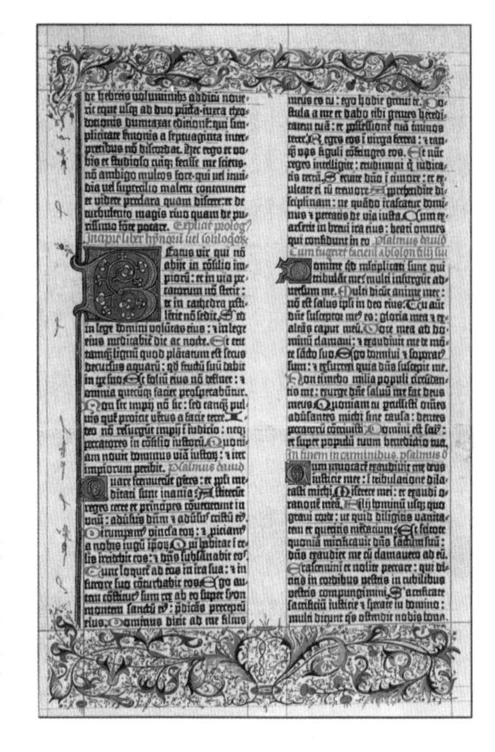

信不再是稀奇的东西了。当邮递员或是负担起这种光荣任务的赶马车之人敲人家门的时候，人们已经不再害怕了。商人们从信里得知别的城市里的货价，同时也得知那里所发生的事情。

从前，人们过日子，往往不知道世界上到底在发生些什么事情。

现在，甚至在小小的市镇里，人们也都在谈论，为什么西班牙国王下令扣留港里的荷兰船，丁香会不会因此涨价。人们从信里，从旅店里新来的人那里，打听到各种新闻。

旅店是很容易认出来的。在院子里，有人正在从疲乏、汗湿的马身上卸马具，有人正往刚喂饱饮足的生气勃勃的马身上套马具。

从敞开着的门里面传出笑声、玻璃瓶的互碰声，以及连吃饱了的人闻了都想吃的烤野味的香味。

在大厅上，穿着布满尘土的马靴的人们在背朝暖炉站着烤火。

道旁的柱子上挂着一个画有金狮子或白马的牌子。

不识字的人也可以认得这种招牌。

城里的招牌越来越多。和理发匠光亮的小水盆招牌在一起，摇摇晃晃地挂着面包房镀金的甜面包。

最早的杂货铺也已经出现了，里面什么都卖：有别针，有鲱鱼，有袜子，有钉子。

有钱的批发商人瞧不起杂货铺掌柜的。他们自己在摆弄着成千的马克、镑、先令和卢布。在他们的账房里，办事员从早到晚向账簿里填写数字。

这种巨大的、分量很重的总账簿和流水账簿不像从前商人们用的笔记本。

从前，祖父辈记入："一包手套，不记得价钱是多少了；还卖了两块红色呢绒，忘了是卖给谁了……给妻子买天鹅绒衣服，支出了多少多少。"

有的时候，甚至都不写，而在手帕上打个结用来记住事情。因为那时候并不是每一个人都会握笔写字的啊。

现在，人们认为不会读写的人就不是商人。

而且当问题涉及从印度或从美洲运来的、装着货的整支船队的时候，怎么记得住所有交易和交易额呢！假使在手帕上打结来记它的话，恐怕几千几万条手帕也不会够用的。

从前，只有僧侣、学生、得学士学位的人和神学硕士才能读会写。现在，不论什么地位身份的人都在看书了。

书本的价钱便宜了。人们已经不是一本本地抄写，而是用古登堡[1]所发明的机器，一下子印刷几百本书了。

现在，羊皮纸似乎成了古董了。在造纸厂里造的，虽然不结实但是价钱毕竟比较便宜的纸张代替了它。

印着书名的扉页贴在书店的门上，来当新书的广告。每一本书的名字都是很长的——应该向买主解释明白，请他们买的是什么书。

在这里，希腊和罗马作家的著作，描写海外各国的故事，嘲笑中世纪古旧风俗习惯的书，都被买主一抢而光。

---

[1] 古登堡（约1397—1468），德国人，年轻时候曾经学习金工。1437—1445年研究金属活字铸造和活字版印刷，1450年前后用活字版印成书，是欧洲活字印刷的发明者。

当人们阅读到庞大固埃怎样跟香肠打仗或是卡冈都亚只有五岁就怎样骑了小木马去比武的时候[1]，都哈哈大笑了。

在这里，谁都受到讪笑：骑士们，僧侣们，有学问的硕士们。骑士只知道吃、喝和打架。僧侣们劝人斋戒，自己却整天不在教堂而待在修道院的厨房里。有学问的神学硕士们彼此竞赛着用自己也不懂得的玄妙符号来表明思想。

而《愚昧落后的人们的信》写得多么刻毒和有趣啊！那些信是写给神学硕士奥尔图音·格拉齐亚的。

关于这个神学硕士，每个人都说他是新事物的敌人。在寄给他的信里，他的朋友们那样率直地称赞自己的愚昧和无知，使人立刻就会想到：这一切都是写来嘲笑他的吧？

把书看完之后就会确信，事实上真是这样：最后的一封信是奥尔图音的亡友从天堂直接寄给他的。这个死人毫不客气地叫奥尔图音本人和他的拥护者们是“有学问的驴子”。

除非是驴，才会不懂，这本书不是愚昧落后的人们的朋友写的，而是愚昧落后的人们的敌人写的。

愚昧落后的人气得发疯，他们要求立刻把这样的书烧掉。他们对自己的主张的坚持常常成功。那时候，在教堂前的广场上生起了篝火。从大学的大门里走出一行人——博士们、硕士们、大学生们。乐队在他们前头拼命吹铜喇叭。老百姓从四面八方跑过来，看怎样烧书。

[1] 指文艺复兴时期法国人文主义作家拉伯雷（约1494—1553）所著长篇小说《巨人传》里的故事。《巨人传》以民间故事为蓝本，采用夸张手法塑造了理想君主、巨人卡冈都亚和他的儿子庞大固埃的形象，尖锐讽刺封建制度，揭露教会的黑暗，反映了这一时期资产阶级个性解放的要求。

但是书一印就是几百几千本，没法子把所有的书都烧尽。人们暗中传递着残留下来的书，珍重地把它们藏在家里，离外人的眼睛远一些。

人们在学习按照新方法——不按照祖父辈所想和神学硕士们所教的那样去思想。

世界变成了另外一个样了，旧道德跟眼睛所看见的事物不大相符了。

不过旧道德不愿意一仗也不打就退却。

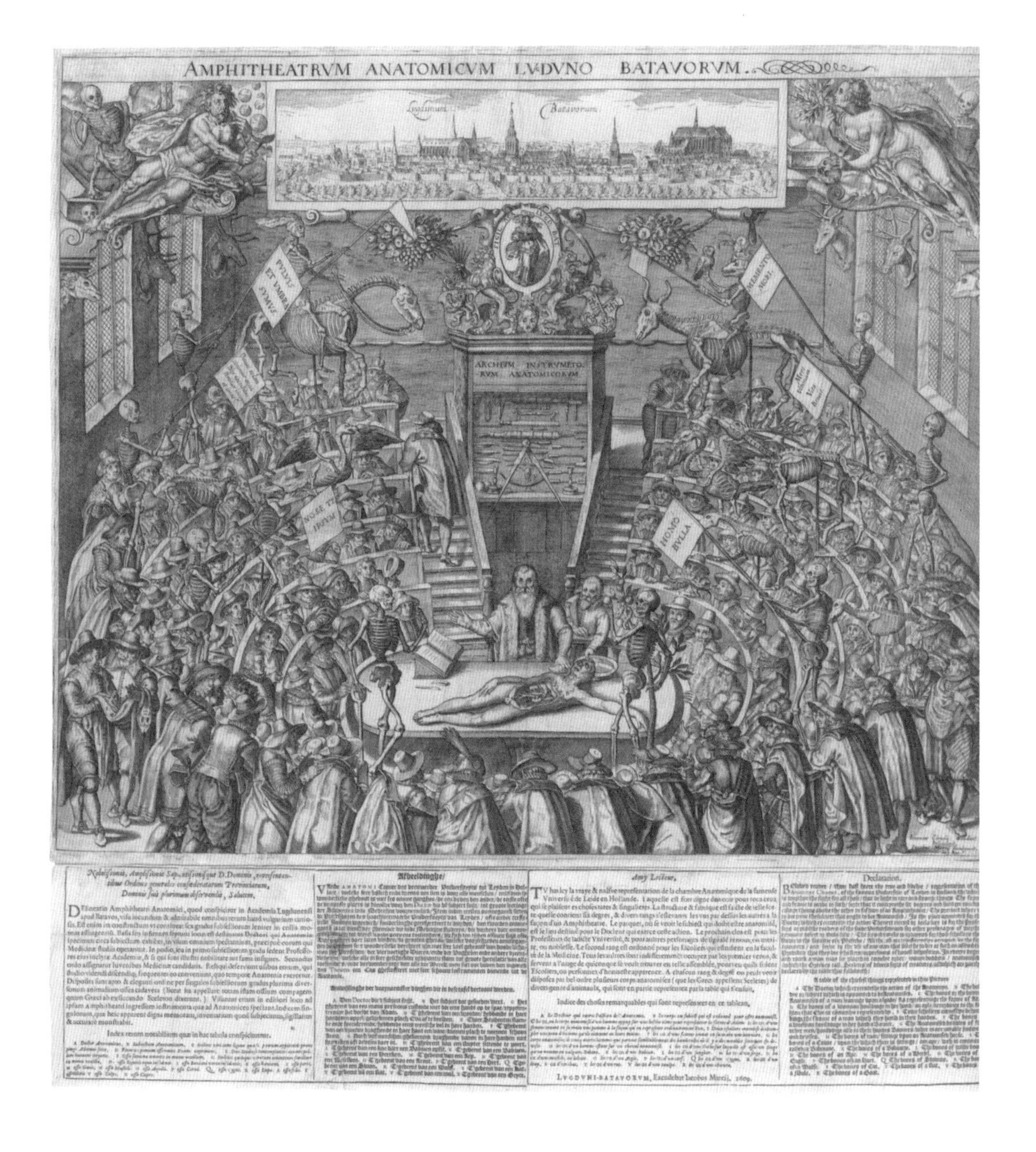

第九章

一本书的历史

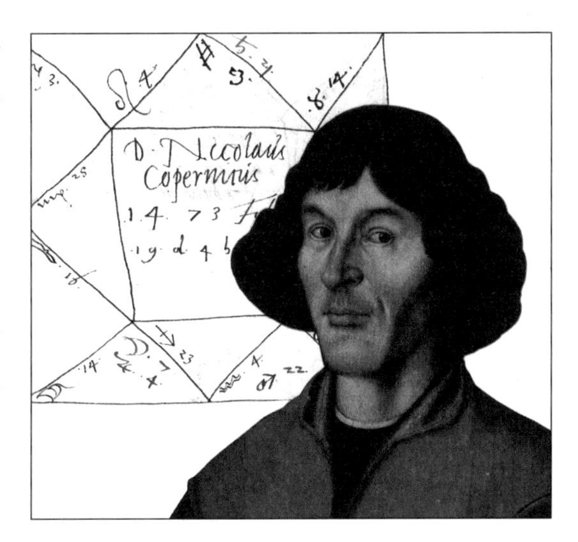

在我们这篇真实的故事里，主人公的名字是差不多每一章都更改的。同时我们也不得不时常从这一座城市转移到那一座城市，从这一国转移到那一国。

这一次，我们选谁做主人公呢？

让我们走向被浓雾笼罩的波罗的海沿岸。在平坦的平原上，在被沙滩跟海隔开的海湾旁边，我们找到一个小小的波兰市镇弗劳恩堡。那里有许多层顶阁和红色瓦屋顶的尖顶房子像求得保护似的挤向立在高冈上的城堡。

城堡有坚固的厚墙。每一个角落上都建有高塔，像四个警卫一样，向北方和南方、东方和西方眺望着。条顿族[1]的骑士们曾经不止一次地袭击过这座城堡，他们焚烧周围的村庄，砍除果园，把田地变成荒地，但是他们毕竟没能攻下城堡。

然而这是座城堡吗？

在它的墙上面，教堂的塔尖高耸入云。做礼拜的时候，铜钟声从许多层高的钟楼传播到很远的平原上。

在白色墙壁后面，戴着镶毛皮边帽子、穿着有大袖子长袍的人们在满是树荫的花园里小道上散步。

[1] 条顿族相传是日耳曼人的一支，也泛指日耳曼人。

一眼就看得出来，城堡里的居民不是世俗的人而是僧侣。

那么，也许这是一所修道院吧？

不是的，这些穿着僧侣服装的人所过的，完全不是修道士式的生活。他们中间有许多人，当轮到做弥撒的时候，就雇一个神父去代替自己。他们靠广大附属地的收入，靠从附近城市和村庄征收来的地租和捐税，过得很不坏。他们虽然不是骑士而是天主教的僧侣，但是他们的首脑——瓦尔米斯基主教——的权势不比任何世俗的君主小。他们都是他的家臣，他们构成他的宫廷、他的牧师会。

但是我们完全不是为了这些游手好闲、好吃懒做的懒雄蜂，才在欧洲的许多城市中间找到了弗劳恩堡的。这个蜂窝里也有工蜂。

在西北角塔的上面窗子里，蜡烛一直点到深夜。假使夜是晴朗的，塔门就会打开，有一个老人走到宽阔的城墙上去。他的一只手里提着灯笼，另外那只手里拿着

一个奇怪的器具，有点像用尺制成的三角板。老人把灯笼放在地上，把那仪器安在架子上，然后他倚在栏杆上，仔细地打量天空。

他像问候老朋友似的问候星星。星星仿佛在回答他："晚安。"

他着手弄自己的仪器。他的一根尺是代替筒子的：它上面装着两块有小洞的小板。为了把仪器瞄准星星，必须设法同时从这两个小洞里看见它。老人把这根尺在轴上转动，用它瞄准一个红色不闪烁的光点，它在许多闪烁的星星之间像一滴葡萄酒似的发着光。这是行星火星。

然后，他把灯笼举到自己的仪器旁，瞧着尺上用墨水画着的线条。行星的高度测定了。

老人很满意——正好遇到一个晴朗的夜。在这里，在北方，这样的夜晚是不常

Instrumentum nouum, utriusque luminaris uarios
exprimens motus, coniunctiones, oppositiones, ca-
put draconis, eclipses, horas æquales & inæquales,
ortum, occasum, ascendens, interuallum & cæ
tera. Anno Christi M. D. XXXIIII. per
Sebastianum Munsterũ fabrefactum
Cancer
Gemini
Leo
Thaurus
Virgo
Aries
Libra
Pisces
Scorpio
Aquarius
Sagittarius
Capricornus
December, duodecimus
Duplex Horologium
Motus Lunaris

有的。他忆起意大利的天空，当他在许多年前学习星学的时候，那天空曾经是他的识字读本。

他也时常想起他的第一位老师——占星学家多米尼加·德·诺瓦拉[1]。那时这位教授在干一件艰巨的工作：他在编日历和占星图，预告日月食，确定吉日和凶日。但是他干这些事并不特别热心——仅仅是为了赚钱维持生活。而他，是为了要看星星才活着的。

这一切都是很久很久以前的事情了！

老人掩住自己的衣襟，回到屋子里去。

屋里的桌上，放着一大本手写的书。这本书是他的孩子，他像母亲爱孩子般地珍爱这本书，不过这个孩子已经三十多岁了。

“到第九年，你就出版吧。”老人想起罗马诗人贺拉斯的劝告。已经过了差不多四个九年了[2]，但是手稿还躺在作者的桌子上。

老人翻看那大书的一页又一页。在写书名的扉页上，用拉丁文写着：

托伦的尼古拉·哥白尼著

天体运行论六卷

他又重新一章一章地看——他已经看了多少次了啊！

第一卷里是谈地球的形状。那时候多么叫人难以相信，地球是个圆球啊！

哥白尼时常想起哲学家拉克坦修斯的话：“只

---

[1] 诺瓦拉（1454—1504），意大利数学家、天文学家。

[2] 哥白尼在《天体运行论》的原序里曾经提到他的朋友敦促他“发表这篇在贮藏室里搁了不止一个九年而是四个九年时间的著作”。他这样说是因为贺拉斯说过，作品需要搁置九年方可问世。

有疯子才相信，在地的那一面上，花草树木都是根朝上生的，人的脚是高过头的[1]。”

这个信基督的罗马修辞学家、雄辩术的教师，科学懂得的很少。但是他的无知并不妨碍他取笑那些比他有学问的人。而可笑的倒是他自己、他的那些孩子气的议论。

哥白尼悲伤地想：

> 已经过了多少世纪啊，可是拉克坦修斯还没有根绝。假使人们不想明白，那就没有法子开导他们。无知学者们看完了这本书，他们将会说些什么啊！他们确信地球是不动的。而他们突然看见这张图表，图表上不是地球而是太阳占据着世界中央的宝座。太阳像个皇帝一样地统治着行星的家族，而地球只是六个行星中间的一个。它是循着金星和火星之间指定的圆圈走的。

哥白尼渐渐忘记了敌人。他含情脉脉地注视着自己的创作，注视着那张图表。

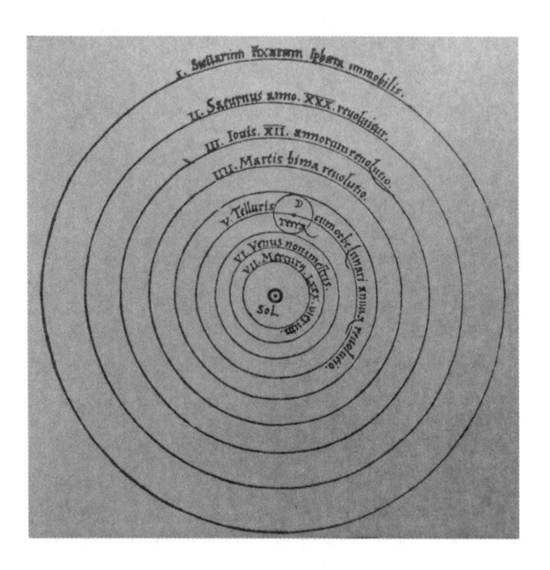

[1] 哥白尼在《天体运行论》的原序里提到拉克坦修斯（约 240—320），他说：“拉克坦修斯在别的方面还是颇有名望的作家，但他不是一个数学家，却以孩子式的口气谈论地球的形状，甚至嘲笑认为大地是球形的人。所以，如果有人要同样地嘲笑我的话，我的支持者也无须感到惊奇。”

这个天体位置图比起亚里士多德和托勒密时代以来被大家采用的位置图要正确得多！在这里用不着画许多圆圈来解释行星的逆行。看了这张图表，每一个只要懂得一点数学的人都立刻能明白，比如说，为什么我们觉得火星有的时候大一些，有的时候小一些：因为它有的时候远离地球，有的时候接近地球啊。

无论在哪儿，再也找不到像这张天体位置图里那么协调、那么和谐的关系了。它立刻就解决了天文学家们所困惑不解的一切不一致和矛盾。他们甚至于不能够正确地计算出一年的长短来。他们编不出一本勉强可用的日历。计算天体运动的时候，他们有时利用宇宙的这个平面图，有时又利用宇宙的那个平面图。这就等于画家从各种不同的画里取出手、脚和头来，用它们来拼成一些怪物。

难怪水手们早已在埋怨，说星图只能叫他们迷路。

这种现象该结束了！

哥白尼住下翻阅手稿——好像翻阅自己的一生似的。这些流畅的行句之间，有多少忧虑和疑惑，有多少不眠之夜啊！一个人反对所有的人真是不大简单啊。

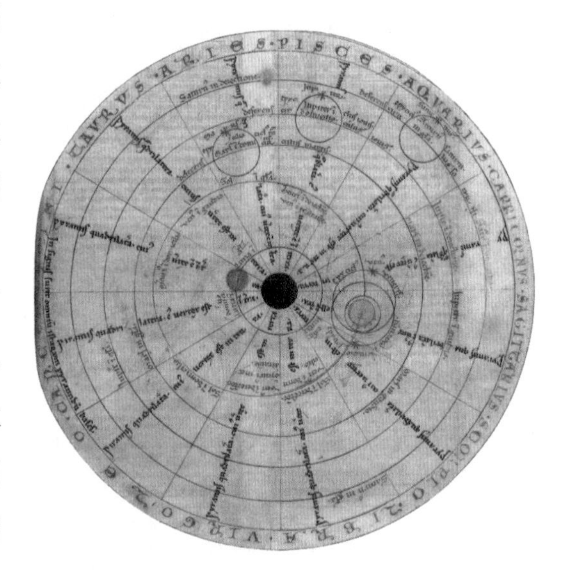

这本书还没有出世，仅仅流传着有关它的消息，就已经有了憎恶它的人了。他们要求统治者制裁那迫使地球动而太阳不动的胆大妄为的天文学家。他们引证圣书里的话说，约书亚曾经要求太阳

AD LECTOREM DE HYPO-
THESIBVS HVIVS OPERIS.

NICOLAVS SCHONBERGIVS CAR
dinalis Capuanus, Nicolao Copernico, S.

停住，而不是地球停住。他们一心在等待着这本书出版，好要求判它的罪。

不，还是让它在这桌上多躺一些时候，等待好一点儿的时候吧。它也有朋友，他们人数不多，不过都是受过教育的人。

哥白尼又重新回忆起年轻的时候，自己和意大利科学们所谈的话。他们讨论教会禁止人们讨论的事情，他们怀疑，为什么信教的人们不应该怀疑。那个时候，要想把所想的话都写下来，所写的话都印出来，也是不可能的。在开始谈话之前，他们总是把门关得严严的。因为宗教裁判官的听觉比苍蝇还要灵敏啊。

但是新思想还是不停地干它自己的事。假使没有那些谈话，这本书也许不会写成呢。

哥白尼把书合上，拿起蜡烛，走到自己的小小卧室里去，卧室里狭窄床铺上面的书架中，密密地竖立着一排排用白色猪皮装订的书卷。那都是他心爱的诗人和哲学家的著作。他从书架上取下维吉尔的诗集，为了用有韵律的六步诗来镇静过于激动的思想，平定骚乱的心。

这本书有了朋友

一年一年地逝去，地球一圈一圈地旋转，全不理会只有少数居住在它上面的人知道这件事。

那部手稿还跟从前一样地躺在桌子上，等待好一点儿的时候。但是时候并不是越变越好，而是越变越坏。

在弗劳恩堡出现了一个新的天主教僧侣——荷西乌斯博士。人们唤他“打击异端的锤子”。他疑神疑鬼地觉得到处都是异端。他侦探哥白尼的每一行动，而且把所有的事情都报告给主教。哥白尼受到了冷遇，年轻的天主教僧侣都躲开他，甚至跟哥白尼谈几句话都可能招致嫌疑。

Instrument Buch durch Petrum Apianum erst von new beschriben.

Zum Ersten ist darinne begriffen ein newer Quadrant / dardurch Tag vnd Nacht / bey der Sonnen / Mon / vnnd andern Planeten / auch durch etliche Gestirn / die Stunden / vnd ander nutzung / gefunden werden.

Zum Andern / wie man die höch der Thürn / vnd anderer gebew / desgleichen die weyt / brayt / vnd tieffe / durch die Spigel vnd Instrument / messen soll.

Zum Dritten / wie man das wasser absehen oder abwegen soll / ob man das in ein Schloß oder Statt füeren möge / vnd wie man die Brünne suchen soll.

Zum Vierden / findt drey Instrument / die mögen in der gantzen welt bey Tag vnd bey Nacht gebraucht werden: vnnd haben gar vil vnd mancherlay brauche / vnd alle geschlecht der Stunden / behalten alle zu gleich jre Lateinische nämen.

Zum Fünfften / wie man künstlich durch die Finger der Hände die Stund in der Nacht / on alle Instrument erkhennen soll.

Zum Letzten / ist darin ein newer Meßstab / des gleichen man nendt den Jacobs stab / dardurch auch die höch / brayt / weyt / vnd tieffe / auff newe art gefunden wirt.

INGOLSTADII Cum Gratia & Priuilegio Cæsareo ad Triginta Annos. AN. M.D.XXXIII.

打击越来越近了。

哥白尼在天主教僧侣中间只有一个朋友，这个朋友被控告不敬神而被驱逐了。

老天文学家几乎不再走出他自己的塔，精力开始遗弃他了。他的一个远亲曾经照料他，她管理他俭朴的家已经有许多年，可是哥白尼也不得不被逼和她分手：他被告知，天主教僧侣的家里不是女人应该住的地方。

敌人什么也不禁止他，什么也不命令他。他们对于他，“慈爱”地开导，“友爱”地劝告。但是他在“友爱”的僧侣兄弟们之间，在主教“慈爱”的保护下，感觉到自己是多么孤独啊！

这时候突然发生了一件事情，恢复了他从前的勇气，恢复了他从前的那种对人的信任。有一位客人到他那里去，年轻的数学教授乔治-约希姆·雷提卡斯。他是一个等不及这本书出版的性急的读者，他亲自上门来阅读手稿了。

古老的塔苏醒了，在它里面响起了很大的嘈杂的声音。

雷提卡斯教授被那本书深深地感动了，他劝哥白尼不要再拖延印行的日期。他说，连亚里士多德看了这本书都会放弃他自己的见解的。既然它是这样有必要，就不应该把它藏着。

哥白尼还是犹疑不决，他说：“不如先印行那张图表吧。普通的天文学家都使用现成的计算表。哪个人被福星高照着，哪个人有天赋才能，他自己就会按照这张图表，发现和想出世界的新组织的。”

但是哥白尼的青年朋友不同意这话，他想刻不容缓地开始斗争。

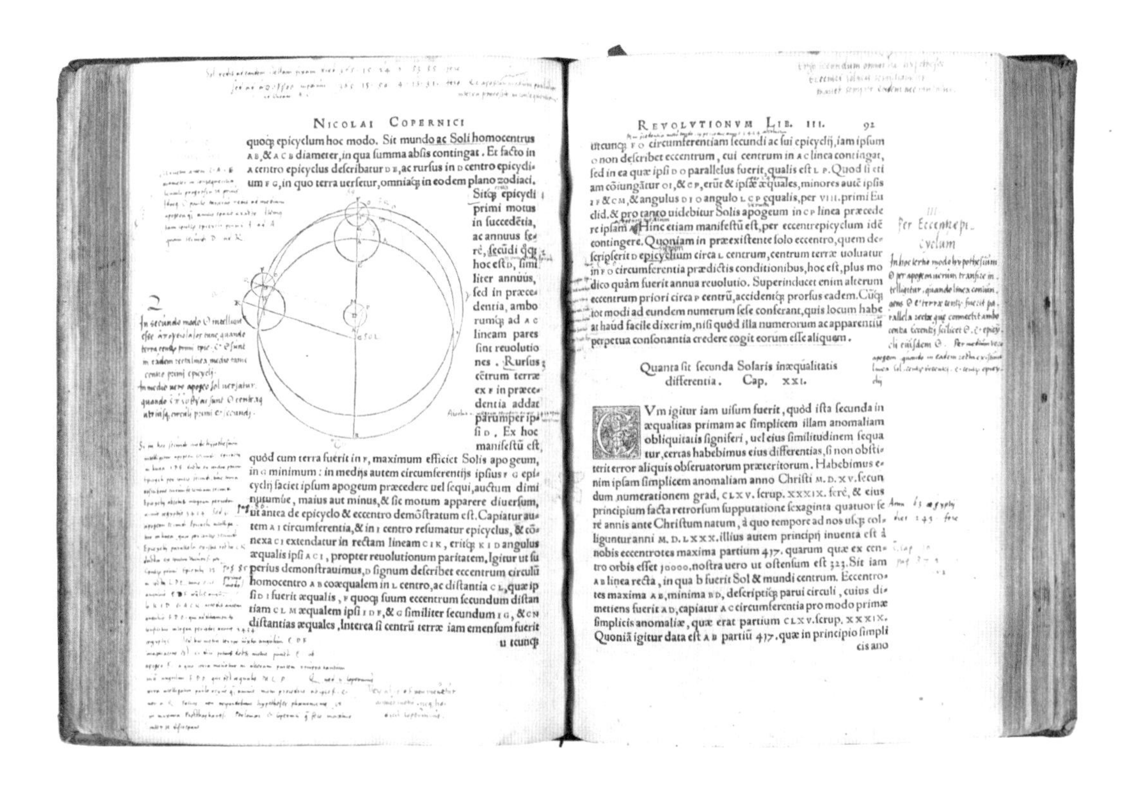
NICOLAI COPERNICI

REVOLVTIONVM LIB. III. 92

Quanta sit secunda Solaris inæqualitatis differentia. Cap. XXI.

书店里出现了一本小书，在它的印书名的扉页上写着：

> 某一个年轻的学数学的大学生所编著的第一个故事，里面谈论最有学问的人、最卓越的数学家、托伦的最可尊敬的尼古拉博士、瓦尔米斯基的牧师会会员的《天体运行论》一书。

这个“年轻的大学生”是谁呢？

他就是哥白尼新获得的朋友——雷提卡斯教授。他的那本小书像预告一样地走在前面，预告全世界，关于不久就要跟在它后面出版的伟大的书的事情。

雷提卡斯怀着青年人的热情，在一群愚昧、嫉妒和搞阴谋的人中间为他的老师开辟道路。这一群人里，有多少是脑袋里不装一丝一毫自己思想的蠢物啊！有多少是把从权威著作引证片语只字认为比真理有价值的顽固的书呆子啊！他们惧怕新事物，就像猫头鹰惧怕太阳光。他们墨守着他们的伪学问，因为假使它崩毁的话，他们就无处安身了。

哥白尼的年轻战友像一阵旋风似的刮入他们的行列。

他大声疾呼：“谁想做一个哲学家，谁就应该有自由的理智！”他嘲笑那些人，他们认为旧道德之所以正确，就因为它是旧的。他提醒他们，不是天文学家在支配天界现象，而是天界现象在支配天文学家。他说，假如托勒密本人复活的话，他也一定不会再相信自己的那个天体体系的。

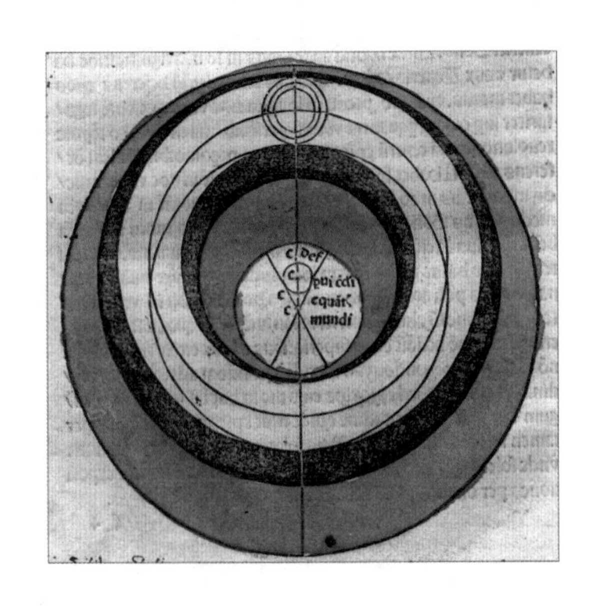

书出发去打仗

用许多论据、计算和图表很好地武装起来的哥白尼的手稿终于出发了。

纽伦堡城印刷工人彼得列的印刷所里的机器已经在等待着它了。

哥白尼终于决定跟自己的孩子分手，让它去过它自己的生活，让它去和愚昧无知打仗，让它去保卫真理。

莫非好一点儿的时候已经来临了吗？

不，哥白尼已经等不及好一点儿的时候了。他还能在世界上活多少年呢？他希望在他死以前看见自己一生事业的完成。手稿可能毁灭，但是许多印刷本之中，即使只能保住一本就成了……

书还没走到读者跟前，还没有投入战斗，就已经不得不艰苦地为自己开路了。

编者劝哥白尼“附加点什么话，来安安神学家们的心”。哥白尼把这种老于世故的意见当作耳边风。他知道这里是不可能有妥协的。这里附加点什么话——就是抹杀一切。这，他是不能容许的。

那么怎样来拯救书呢？

他环顾周围。西欧所有的基督教徒分成了两个阵营。一个阵营的首脑是教皇，另外一个阵营的首脑是路德[1]，这个提林格矿工的儿子领导了反对教皇的运

[1] 马丁·路德（1483—1546），十六世纪德国宗教改革运动的发起者，多次发表主张，否定教皇权威，但是他不支持下层贵族和农民的起义。

动。他用毫不客气的词句批评天主教的神学家们，但是当关于新学说的消息传到他耳边的时候，却并不妨碍他把哥白尼也骂成傻瓜。

“这样就把这本书献给教皇怎么样呢？”哥白尼想，“也许因为路德叱责了这本书，教皇就会保护它吧？”

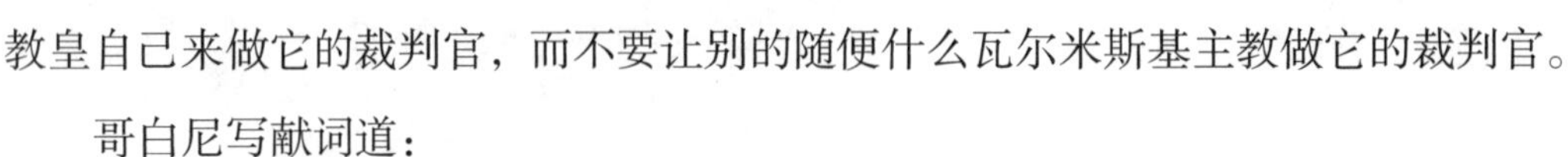

假使这本书还是得受神学家们的裁判，那么宁可让教皇自己来做它的裁判官，而不要让别的随便什么瓦尔米斯基主教做它的裁判官。

哥白尼写献词道：

> 最神圣的教父啊！我很清楚，有的人一听到我在这本书里说地球运动，就会说，因为这个，应该判我的罪……我几乎把我的已经完成的作品搁置在一边了，因为怕我的见解的新奇和表面的悖理会引起人们对我的蔑视。但是我的朋友们劝我出版我的作品……许多学者和著名人士也都要求我这样干，他们坚持说，我不应该以类似的思想而困惑，相反，我应该为了数学家们的共同利益而出版我的作品。
>
> 您大概对于我竟敢把我许多夜晚的心血的果实放到世界上去、对于我怎么会想到地球在运动——当所有的数学家都坚称地球不动的时候——感觉非常奇怪吧，而且我的这种想法好像是违反普通人的认知……

再往下，哥白尼说，究竟是什么原因迫使他反对所有的人，违反那曾被公认是健全的旧思想。

他表白他的希望，希望教皇能够保护他不受到诽谤者的中伤，虽然俗语说，暗箭伤人最难防。而且他预先轻蔑地反驳了愚昧无知的人们可能对他提出的控告。

假使有那种空谈家，虽然对数学科学一窍不通，仍然故意让自己曲解圣书里的某些章句，以来讨论或者驳斥我的著作，那么我不但不预备理睬他们，而且还要蔑视这一类愚蠢的见解……

一个月接着一个月过去了，在冬季的风暴之后，春天终于来临了。

弗劳恩堡天空上的星星出现得越来越经常，但是年老的天主教僧侣不再每夜走到城堡的墙上去了，他害病躺在自己狭窄的床铺上。

在他的书架上，跟天文学和数学的书籍在一起，竖立着叙述医学技术的书：《健康园地》《医学的玫瑰花》。哥白尼不仅是个天文学家，同时还是个医生。从前，他每天早晨在塔下的城郊看他的病人。他不向这些穷人要钱。临走的时候，他常常在桌子上放一些用高价的树脂和香料制成的丸药，还放上几枚银币。

而现在，他一个人病在床上，没有人照顾他……

他知道，他活不了多久了，因此他特别紧张地倾听每一个响声，倾听楼梯上的脚步声。

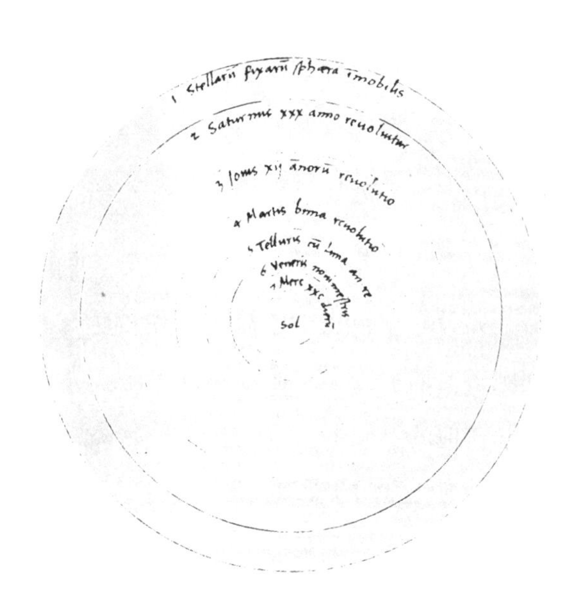

他心里常在想象：门马上就要打开了，他的青年朋友将会手里抱着一本大书出现在门口。

但是日子一天天过去，日子越来越少了，书还没有拿来。

他已经知道他等不着它了，看不见它了。不过在他生命的最后一天，在他临死前几小时——它到底送来了。他把书拿在手里，眼睛看着它，但是他的思想已经很远了……

或许，哥白尼幸而没有力气翻开他的书。假使他打开了它的话，他就会在第一页上看见没有人署名的序文。编者不顾他的意思，干了编者想干的事情。他在书里附加了“一点什么”，而那“一点什么”正是那一滴足以使哥白尼受到最后几分钟痛苦的毒药。

编者多事地预先在未来的控告者前面为自己辩护，他说，书作者没有干一点值得受非难的事情，他的学说对于任何人都不是必须接受的，这仅仅是使计算简易化的可能的假说之一。而且一般地说，如果谁想知道一些可信的东西，那最好不要去

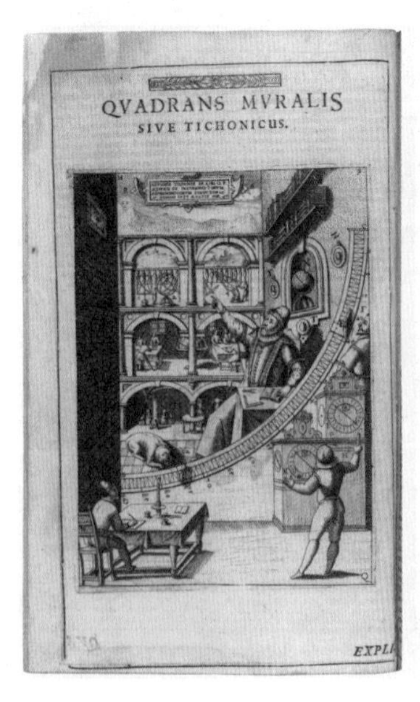

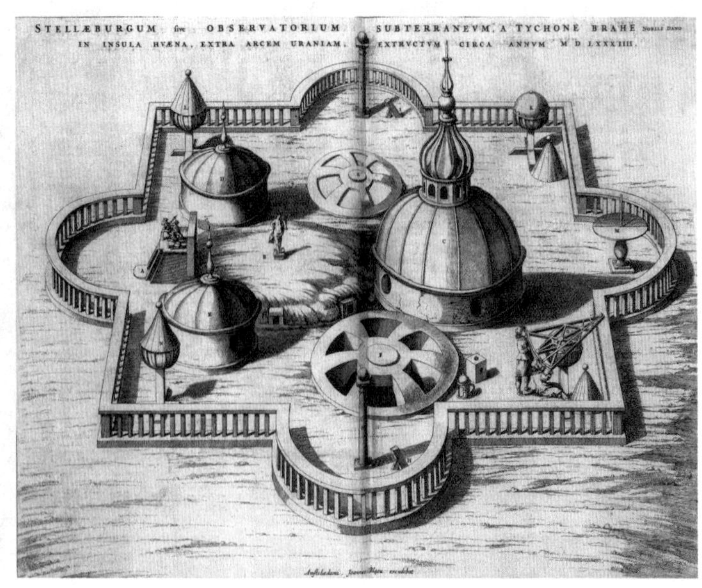

请教天文学。它是什么可信的事情也不说的，“而谁把书里的话当作真话，那么读完它之后，就会变得比从前还糊涂……”。

哥白尼的青年朋友看了这篇序文，气得发狂。在他的心里，对于死者的悲哀和对于卑劣的变节者的愤恨交织在一起。但是没有办法了，书已经出版，而且在书店里出售了。

朋友和敌人都阅读它。不出哥白尼所料，敌人比朋友多。

梅兰希通教授[1]——路德的拥护者、“德国的教师”写道，哥白尼的学说是一派胡言，而印行这种书等于破坏礼仪，给世人以恶榜样。“眼睛是证人，眼睛看见天在二十四小时里绕着地球转！”

由于“德国的教师”的指示，他的无数学生也都开始同声嘲骂这本书。

但是也有一些人，这本书就是为他们写的，他们热烈地欢迎这本书，这或许会使哥白尼满意。著名的天文学家第谷·德·布拉赫[2]甚至写了一篇热情的颂诗来对哥白尼表示敬意。

第谷·德·布拉赫有一座宏大的观象台。他用缪斯神乌拉尼亚[3]命名，叫作乌拉尼亚堡。在这座科学堡垒里，有许多大

[1] 梅兰希通教授（1497—1560），德国路德派宗教改革者。

[2] 第谷（1546—1601），丹麦天文学家。

[3] 希腊神话里的缪斯神共有九位，其中乌拉尼亚管天文。

而复杂的仪器，而哥白尼却只有一个很简单的仪器，是他自己用云杉木条制作的。他死后，友人们把这个仪器送到第谷·德·布拉赫那里去。这位著名的天文学家不仅是天文学家，而且还是个诗人。他在诗里歌颂了这几根细细的云杉木条，哥白尼就是依靠它们才能升到星星那儿去的……

我们到了这一章的结尾。但是在书里和在生活里往往都是这样，这一章的结尾就是那一章的开头。

第十章

哥白尼的书怎样落入一个青年僧侣的手里

1543年，不仅是哥白尼逝世的一年，同时也是他著作出世的一年。他躺到墓石下面去了，书却开始游历。

有人用嘲笑来迎接它，有人对它赞不绝口，却没有一个人对它漠不关心。书没有变，但是，读者中间有许多人，当书落入他们手里的时候，他们就不能再跟从前一样了。

这本有危险性的书像命运似的到他们那里去。它唤醒熟睡的人，甚至把胆小的人引向大胆的、异端的思想。自由地思想而不按照教会所命令的方式思想，真是一种很大的愉快。但是为了这种愉快，有时不得不付出很大的代价。

哥白尼的书落入了一个居住在离那不勒斯不远的小市镇上的青年神父手里。

这个神父的名字叫做乔尔丹诺·布鲁诺。他的僧房里有许许多多的书，有的书竖立在书架上，有的书收藏起来不叫外人看见。

假使修道院的院长仔细搜查一下乔尔丹诺神父的僧房，不仅会找到教会所承认的亚里士多德的著作，而且还会找自由思想家卢克莱修[1]的长篇诗《物性论》。

他也会发现，和“天使般的博士”托马斯·阿奎纳的十八大本的巨著在一起，鹿特丹的伊拉斯谟[2]的叫作《愚人颂》的有害小书。

布鲁诺自己的笔记本也会被他在褥子或地板底下的什么地方找到。打开它们中

---

[1] 卢克莱修（约前99—前55），古罗马唯物主义哲学家、诗人，著有《物性论》，用诗歌形式解释原子论。

[2] 伊拉斯谟（约1466—1536），文艺复兴时期尼德兰人文主义者，生于荷兰鹿特丹。他曾任神父和坎布雷主教秘书。他著名的讽刺作品《愚人颂》，主要揭露封建统治的罪恶和教会对人民的愚弄，抨击经院哲学和宗教偏见。

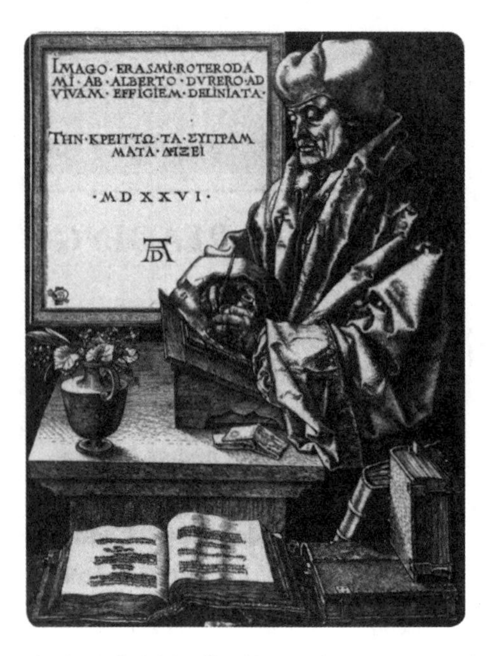

间的第一本，修道院院长就会碰上使他恼怒得面红耳赤的东西。

诗歌《灯》，对话《挪亚[1]方舟》……这些诗和对话嘲笑神圣的无知、虔诚的愚笨、披着美德外衣的败行。

这竟会是一个多明我会的僧侣所写的东西！那他为什么还要穿僧侣的服装呢？

真的，这个年轻的自由思想家为什么是个僧侣呢？

当他进圣多明我修道院的时候还只有十四岁。多明我会里的僧侣们自古以来就被公认是宗教的激烈拥护者，是对异端们的威胁。就是他们参加了“神圣的宗教裁判所”。在他们的旗帜上画着嘴里衔着一个在燃烧中的火炬的狗头[2]。他们像忠于主人的狗一样到处奔走，嗅着异端的气味。但是他们也是僧侣中最有学问的人。他们会在最不分明的、最错综杂乱的论文里找出异端的思想。“天使般的博士”托马斯·阿奎纳是他们会里的人，就是他写作了《神学大全》这本书。不止一代的多明我会的僧侣们曾经用它来学习分辨应该怎样想和不应该怎样想。

现在那个想多知道一些事情的十四岁少年初次进入了托马斯·阿奎纳曾经在那里教授过的圣多明我修道院。

那个少年爱好书籍，不到这个藏书丰富的修道院图书馆里去找它们，还到哪儿去找它们呢？这里的唯一事情就是看书。少年一心一意地追求科学。

于是他觉得，他会在修道院的高墙里找到它，找到他的美丽女神的。

[1] 挪亚也译诺亚，是犹太教、基督教圣经神话里洪水灭世后人类的新始祖，上帝降洪水前命挪亚造方舟，全家避入，使他们得救。

[2] 多明我派自称是“domini canes”，意思是“主的猎狗”，和拉丁文会名 Dominicani 音近。

是的，它是在这里。自从慈祥的老人卡西奥多勒斯把它首次带到僧房里去之后，它一直在修道院里踯躅。

他以为，它能够在这里过得好一些、平安一些。但是这个从前和它的姊妹们一起在希腊的高岗和低谷跳舞的美丽的缪斯神，在这里变得多么苍白憔悴啊！

它变成了灰姑娘，变成了敬神的、苛刻的女主人——神学——的女仆。在这里，在钟声和祈祷歌声中，差不多听不到它的声音了。它有许多严厉的导师和监督者。托马斯·阿奎纳博士亲自指示给这个灰姑娘，“她”的权利和义务：

> 在你自己的女主人面前低头吧，因为人类的才智是比神的大智慧低的。不要迈过这道门槛，不要走出这几堵墙去，因为人类的智慧是有界限的，他不能够知道一切。假使你违反禁令，假使你又重新想走向自由，你就将被严厉惩罚：死亡在等待着异端……

现在布鲁诺被困在四面围墙里。为什么他要到这里来，为什么他拿快乐、热闹的辽阔世界去换这个窄小的僧房呢？他是战士兼诗人的儿子——为什么他做了僧侣呢？

他到这里来是为了它——为了科学。他需要看见比他的眼睛所看见的世界更广阔的世界。他希望科学给予他新的视力，教给他看见谁都看不见的事物。

而科学就是在这修道院里，在这个从地板到天花板塞满了成千本书的图书馆里……

岁月不停地逝去，布鲁诺读完了一本又一本的书。他爬到摇摇晃晃的梯子的最上头一级去，为了要从书架上取下已经好久没有人碰过的、满布尘埃的书。

从这个书架到那个书架，从地板到天花板，才有多远呢？但是布鲁诺在图书馆里消磨了很长时间，他在各个时代和各个地方之间旅行。他在重新走过人类的整个路程，希腊的哲学家们引导他在哲人的路上走，把世界的围墙越移越远。在希腊人之后，阿拉伯人和犹太人来了。阿威罗伊告诉他，世界是永存的，一个人仅仅是人类大海里的一滴水。人死亡，人类却遗留下来。

他钻研天主教会里教父们的著作。他研究过明朗的希腊智慧之后，觉得所有这些“天使般的”“机灵的”“不能辩驳的”博士们的学说是多么黑暗啊！雾越聚越浓，围墙越移越近。幽灵塞满了全世界：上头是天使，下头是魔鬼。天使在转动天球，魔鬼在调遣风暴。那么人在哪儿呢？这些神秘的力量，这些有翅膀的幽灵的军队，在斗争中拉扯他的灵魂。

在这个幽灵的世界里，在火热的地狱深渊和寒冷的苍穹之间，真是拥挤，真是可怕啊！

布鲁诺把托马斯·阿奎纳放在一边，又重新沉溺在古代学者的著作中。他研究亚里士多德，但是他已经看不见曾经为了探索真理而徘徊、迷了路又重新找到路的那个活生生的亚里士多德了。“天使般的博士”竟用自己的成百的大小问题和篇章把亚里士多德也变成了干瘪、僵硬的圣徒遗骨。

布鲁诺觉得亚里士多德所说的“地在水中，水在空气中，空气在火中，火在天中，而天已经不在任何别的东西之中了”的那种世界是多么狭窄啊！

最后的一层球上散布着星星，它的后面已经再没有自然，没有世界了……

围墙越移越近。布鲁诺在自己的僧房里，像在监狱里一样憋得喘不上气来。他是为了美丽的女神——科学——到这里来的，但是他看见，它在这里也被监禁得奄奄待毙了。

布鲁诺一天比一天困难地呼吸着修道院的空气，看着那些数念珠的手和仰望着天而看不见天的眼睛，他感觉，他在这里是个外人，而且别人也已经开始对他怀疑了。有一个神父报告修道院院长说，乔尔丹诺曾经嘲笑叙述圣母的七桩喜悦的事的书。另外一个神父去讲，乔尔丹诺——简直连说出来都可怕！——竟敢从自己的僧房里搬出圣者的像，只剩下了基督受刑像。

大家疑惑乔尔丹诺是异端。他们留心监视他，但是还不收拾他。

在普通规定的日期，他做神父。他为新生儿施洗礼，为濒死的人授圣餐。他有机会常常离开修道院，到那不勒斯去。于是他就急忙利用这个自由的空隙，结识科学家们，设法弄到禁书。

于是哥白尼的书就落入他的手里。

他感觉多么快活，天空在他的头顶上上升了！星星退向无限，地球在星星之间已经显得像个小亮点了。被挤压的幻影——被上下压着的地球，被挤在天堂的高山和地狱的深渊之间的世界——逐渐消失。

周围是无边无际的空间，在里面，胸襟开阔得多了。地球像一只鸟，跟一群行星姊妹在一起，在辽阔的天空中疾飞。

布鲁诺贪婪地细看哥白尼所绘制的图表。太阳在中间，周围——在距离它很远的地方——是恒星圈。

哥白尼扩大了世界，但是他在世界最后一道缀上宝石的围墙前面胆怯地停步了。为什么要停步，为什么以为再往远去就什么也没有了呢？就因为亚里士多德是这样教导的吗？不过德谟克利特、伊壁鸠鲁、卢克莱修都曾经教导过宇宙是无限的、世界是无数的啊！

布鲁诺觉得，破坏这最后一道围墙是他的义务，是他的使命。他向自己大声疾呼：

> 去找到可信的论证！把这些缀着宝石的围墙砸碎，把它稀里哗啦地扔在地上吧！向人们证明，世界不只有一个而是无限多的。打开门吧，叫所有的人都能够看见类似我们的太阳的别的星。

于是不再有围墙了，也没有石头的修道院的圆拱顶了。周围是无边无际的空间。无论向哪边看，到处都是恒星，它们是多得无法计算的。

环绕着恒星有成群的行星在转。这些行星上面有生物，他们不知道我们，就同我们不知道他们一样。布鲁诺仔细瞧看这个展开在他面前的广大世界。

在那许多的星星中间，他几乎已经辨别不出自己的故乡——地球了。它作为一个隐约可见的亮点，在宇宙空间闪烁着。

那么，人和世界比起来，究竟算是什么呢？小到什么也不是吗？

不，人认识这个无限，他用目光去拥抱它，他把它放进自己的理性里。

伟大的喜悦让布鲁诺激动不已。他能感觉到，他的理性在怎样扩大。

他看见恒星，他看见原子，他的心像生了翅膀一样，在两种无限——大世界的无限和小世界的无限——之间翱翔。

布鲁诺确信他在地球上待不下

但是他毕竟还是在地球上，在那不勒斯的修道院僧房里。

当他在无限的宇宙间翱翔的时候，有锐利的眼睛在监视他。不仅有人偷听他的话，而且还偷听他的思想。僧侣们收集了一百三十条罪状来反对他。他违反过一百三十次神圣的天主教的教义。

他从那不勒斯逃到罗马，想在那里找到保护。但是接着就有人告密：人们在他的僧房里找到了他在仓促中留下的鹿特丹的伊拉斯谟的书。他丢掉了僧侣服装，戴上了帽子，披上了斗篷。

这种世俗的服装，这个腰带上的剑，对他来说比僧侣服装更合适。

瞧，他简直是童话里来解放灰姑娘的王子。

他逃到港口，乘上了船，清凉的海风吹拂着他的脸，前面就是自由。

他开始在各个城市和各个国家流浪。

世界好像是很大的。但是对布鲁诺来说，它是狭窄的。

他以为，在阿尔卑斯山这堵墙壁后面，在自由的瑞士，能为自己和自己的旅伴——科学——找到安身的地方。那里连多明我会的僧侣们的长手都伸不到。

布鲁诺到日内瓦去了。他呼吸着自由的空气，多舒服啊！可过了几天，他发现希望欺骗了他。这里的宗教和罗马的不一样，但是令人难以忍受的情况是相同的。周围的人不是僧侣而是些小商人，这里的道德是小商人的道德：谁有钱，谁就神圣。这里的虚伪习气并不比罗马少。

布鲁诺从人们的眼睛里认出他所熟悉的那种什么也不放过的、到处监视内心的火花。人们讲给他听，城里有特别的公务人员，他们的职责是监视每一个人的生活，注意到谁有过失或者谁过着没有规律的生活，就友好地规劝他们。他们是这样选定的，使得城里的每一区里都有他们这种人，到处“都有眼睛”。人在节日里只要多耽误一会儿，立刻就有人严厉地提醒他：该到教堂去了。

在这个安静的、善良的市镇上，看起来总是那么循规蹈矩，却还有受折磨的塞尔维特[1]的幽灵在游荡。

西班牙医生塞尔维特也曾经想藏身瑞士，来躲过宗教裁判所的监视。他是一个有名的科学家，他洞察了人类的身体，他曾企图发现血液循环的秘密。

日内瓦的伪君子们因为他所写的一本书，判决他火刑。

他们并没有就那样把他烧死，他们把他放在篝火上烤了整整两个钟头。

布鲁诺原应该小心一些，闭口不说话才对。

但是他不愿意，他不能沉默。

他只要看见一个穿硕士服装的不学无术的人，就大声地当众宣布：“他是个冒牌的人！科学和他没有一点共同的地方。”

布鲁诺去了不到几个月，在书店里就出现了他的一本小册子，揭露一个日内瓦冒牌学者的不学无术。

这一件事，就足以使布鲁诺去尝尝日内瓦的铁窗风味了。

幸而他还没有来得及犯更重的罪。不久，他就被释放，人们告诉他，不要再指望日内瓦人的款待了。

不安的客人离去了。

现在他已经在图卢兹向大学生们讲课了。哪儿还能比大学对于他的美丽的女神——科学——更合适呢！

---

[1] 塞尔维特（1511—1553），文艺复兴时期的西班牙医生，在研究血液循环方面做出了重要发现，最终被加尔文教派（一个新教教派）烧死。

天还没有亮，大学生们就已经手里拿着蜡烛和本子赶到讲堂里去了。

他们欣喜地听他们的年轻的新老师讲课，他完全不像那些庄严的老教授们。

那些老教授每年都耐心地重复同样的话。他们的解释甚至使本来明白的事情反而不明白了：“唧筒能吸起水来，因为自然惧怕真空；鸦片能催眠，因为它的本性具有催眠的性质……”大学生们听了，就开始感觉，他们教授的本性具有催眠的性质，虽然他不怕真空。

新老师不是这样的。当他讲课的时候，大学生们手里的笔在本子上奔驰，几乎追不上他思想的疾飞。他的思想飞得那样远，全世界都展开在他思想的前面。

他叫人怀疑那些被认为不能反驳的事情。他反对亚里士多德，他反对柏拉图。

几千年后，柏拉图的继承者们和德谟克利特的继承者们之间的斗争又重新白热化。

柏拉图的书毫无损害地通过了好多世纪，世俗的和教会的势力都保护它们。信多神教的柏拉图也和基督教的神学家们同样教导说，世界是神所创造的，诚实的人在死后将得到奖赏。

无神论者德谟克利特的书遭遇却很不好。它们只剩下了偶然保存在别的作者的

著作里的断片零缣。

多神教徒们和基督徒们都焚烧德谟克利特的书。

如今这些书好像从灰烬里复活了似的，德谟克利特又在跟柏拉图斗争了……

德谟克利特的信徒们于是又重新被控告不敬神。

布鲁诺离开图卢兹到巴黎去了。

在巴黎，为了标明胡格诺派[1]异端的房子在大门上用粉笔画的十字架还没有擦掉。就在人们现在重新做着买卖的这座桥上，曾经整夜地屠杀逃跑的人，打死以后，就把尸首丢在塞纳河里。为了不错过未曾有过的场面，临时爬起床来的贵妇人们从宫殿的窗子和阳台上眺望。那是血的节日，是不容许异说的人们的胜利。只在 1572 年 8 月 23 日到 24 日的一夜里，天主教徒们就在巴黎打死了三千名胡格诺派教徒。

布鲁诺此时应该想起，就在这里，在巴黎这块地方，雇用的暗杀者在大街上刺杀了勇敢的思想家皮埃尔·德·拉·拉美[2]。在这里，起初烧掉了他的反对官方的、教会的亚里士多德的书。后来，把这些书的作者也杀害了。

起初，幸福向布鲁诺微笑。人们把他推荐给国王。喜欢一切新事物的青年国王被前所未闻的消遣——谈论科学——迷住了。他任命布鲁诺做教授，而且甚至不要求他去做弥撒。

布鲁诺原可以做宫廷学者，获得官衔和奖赏。但是号衣不是为这样的人缝制的，他不是奴仆而是武士。他出发去为科学征服世界，他不论到哪里都夸赞科学，谁敢于对它不十分尊敬，就得倒霉！他左右开弓，打击那批不学无术的人。

但是他是一个人，他们的人数却很多。他终于不等他们把他关进监狱，就乘上船，渡过了海峡……

布鲁诺到了牛津。他在咖啡店里出现。他参加了比赛会，在这个比赛会上不是用剑相击，而是用论证相击，用引证权威著作来抵挡回击。观众包括英国缙绅贵族

---

[1] 胡格诺派是十六到十七世纪法国新教徒（加尔文派）的称呼。这一派的主要成分是反对国王专制、企图夺取天主教会地产的新教封建显贵和地方上的中小贵族，以及力求保存城市“自由”的资产阶级和手工业者。1562—1598 年，法国胡格诺派和天主教派曾进行内战；1572 年 8 月 24 日圣巴托罗缪节日，巴黎天主教派曾大举屠杀胡格诺派，发生所谓的圣巴托罗缪惨案。

[2] 拉美也叫雷马斯（1515—1572），法国哲学家。

阶层和宫廷的全体著名人士、外国的使节们和女王本人。布鲁诺找了三十个论据，他向他的对手、牛津教授中最有学问的昂德希尔博士重重地打击了三十下。

昂德希尔被解除武装了。他感觉到他败北了，于是他就完全不像个武士那样，而把他的对手臭骂一顿。他可敬的同僚们齐声重复他的话。

博士帽子打歪了，长袍散披着，从嘴里吐出了伦敦赶马车的才说的骂人话。

辩论会结束了，贵宾们都散了，但是胜利者也不得不收拾行李走了。喊声跟在他后面飞："走，走，比亚里士多德还有学问的人，比柏拉图还深奥的人！谁也不认识你，你滚蛋吧！那么多伟大学者曾经顺流而下的河流，你这胆大妄为的牛，竟敢逆流而上，你是谁啊？"

不，世界无论扩大了多少，对于这么大的船，还是太狭窄了！

现在他到哪儿去好呢？

伦敦，巴黎，马格德堡，威登堡[1]……

越走越远，从一国到一国，从一个关卡到另一个关卡。关卡多么多啊！全世界被分成许多敌对的公国、城市和宗派。

布鲁诺是超宗派的，因此所有的人都认为他是异端。他看见无边无际的宇宙展开在他的面前，可他在小小的地球上却待不下。他在宣示人的荣耀，但是周围的人却比野兽还要残忍地在互相残害。

但是他不能够也不愿意做别样的人：视力好的人不会像瞎子一样生活。

他越走越远。布拉格，赫尔姆什特德，法兰克福……

布鲁诺从一个城市流浪到一个城市。在广场上焚烧勇敢的思想家的书籍的地方，他赞扬科学。

他在和"愚昧的人们"打着无止无休的仗。他进行打击，并且预先宣告要进行打击。他攻击卑鄙下贱，压抑厚颜无耻，揭穿愚昧无知。

无论他往哪儿看，到处都是偏执，到处都是间谍、伪君子、假好人、蠢汉，他们拖住车轮，要停住历史的马车。

哪儿也没有自由思想立足的地方。既然是这样，又何必离开故乡呢？

---

[1] 马格德堡和威登堡都在德国境内易北河畔。

布鲁诺爱人类，但是他觉得祖国还是比世界上所有的地方都可爱。

心胸宽大而又乐于拥抱全世界的人，比有一颗窄小的、利己的心的人，更爱自己的祖国。

布鲁诺回到意大利去了。要死的话，还是死在祖国的土地上，死在祖国的天空下好。

他心爱的诗人卢克莱修曾经在那里歌颂自然，列奥纳多·达·芬奇曾经在那里进行创作。

在流浪的岁月中，布鲁诺从来没有忘记过意大利，意大利的人们也没有忘记他。多明我会的僧侣们一直在想，怎样可以把迷途的兄弟引导到自己这一边来。

于是做好了一个巧妙的圈套——从教团到一个解罪神父，从解罪神父到一个威尼斯的青年贵族。这个贵族亲切地请布鲁诺到他家里去，允诺供给他进行安静的科学研究所需要的一切东西。

这个引诱力很大。布鲁诺到了威尼斯，就落入了圈套。

人眺望未来

布鲁诺欣赏祖国的天空没有多久。从威尼斯“铅狱”的小窗口望出去是看不清楚天空的。

他被带去审问。他被反绑着两手，坐在板凳上。在他前面的高台上，坐着教父—宗教裁判官为首的裁判官们。嘿，还有什么“教父”和“神父兄弟们”啊！假使世界上没有他们的“慈爱”和“友爱”，日子该好过得多。

一切都照规矩进行：开头只是审问，然后就是拷问。宗教裁判所有足够的手段迫使人招供，连他想也没想过的事情都得招出来。

他们根据经验，知道怎样用折磨肉体的办法来征服意志。这是一种特别的技术，先用绳子把手捆起，再把一根棍子插进绳结里去。他们叫犯人说实话，假如他拒绝，那就转动那根棍子，好叫绳子更深地勒进肉体。

假使犯人不作声，就再转一下，之后，再转，再转。像这样，五次，十次，二十次。

他们重新叫犯人看在神的面上供认。假使他坚不吐实，就要用水和火来上刑了。室里拿进了一桶水和一盆炭。

他们把那桶水灌进犯人的喉咙，说："假使死了，这是活该。"

他们用烧红的铁烧他的脸，说："他不承认，因此不能对他客气。"

一次又一次地上刑。宗教裁判官们日夜待在监狱里，他们在狱里吃喝。拷问室成了他们的家，拷打也变成了他们的娱乐……

布鲁诺也被他们这样拷问着。

过了八个星期。

肉体被折磨成什么样子啊！炽热的铅屋顶多么压迫人、窒息人啊！快点死了才好呢！

但是宗教裁判官们认为光杀死肉体是不够的。他们需要先杀决心。

布鲁诺被带到罗马。罗马的宗教裁判官们不愿把这样美味的猎获物让给威尼斯的宗教裁判官们。

他们把这个被折磨、被凌虐得半死的人摆弄了六年。他们知道他的理性是多么强大，他的学识是多么高深。

那种能够驳倒他的哲学家还没有出世，因此就让他自己去驳斥自己吧，让他自己在死之前取消自己的学说吧。他赞扬科学，他保护它，那就让他当着所有的人的面唾他所爱的人的脸，咒骂它，永久遗弃它吧。

但是没有一种刑罚可以迫使布鲁诺这样干。

他早就准备好接受这最后的考验了。他曾经不止一次地向自己说：

要坚忍不拔，不要失掉勇气，不要退却，即使愚昧无知者的法庭吓唬你，企图消灭你珍贵的事业也罢。

有一种崇高的理性的法庭，它会辨别光明和黑暗。真诚的、不可利诱的证人和辩护者将为了你的事业而苏生。你的敌人将在自己的良心里找到自己的刽子手、替你报仇的人。

走廊里的脚步声又响了起来。门开了，一个年老的僧侣——多明我会会长站在布鲁诺面前。

他又叫犯人承认自己的学说是异端的，叫他放弃谬见。

而布鲁诺一次又一次地非常勇敢地回答他说：“我不能够也不愿意放弃，我没有可以放弃的东西。”

法庭举行最后一次审判。布鲁诺在大宗教裁判官的宫里，宗教裁判官迫使他跪下，他们把判决书读给他听。

他十分明白那几句普通的话的可怕意义。他们说：“把乔尔丹诺神父交给世俗的政权手里，让它尽可能温厚地、不流血地对待他。”

他知道这种温厚的价值。

这些人能够温厚地拷打人，大方地使人变残废，慈悲地烧死人。

他站起来，抬起了头。他的眼里含着蔑视的眼光。

他说：

你们读判决书所怀的恐惧比我听它所怀的恐惧还大。

是的，他不像他们害怕。他要死了，但是他为了科学而死，科学将活着。

迫害他的人们虽然能多活几年，但是他们黑暗、愚昧的事业注定要走向灭亡。

布鲁诺被判处死刑，但是别的勇士已经在参加战斗了。

伽利略[1]已经在准备新的、无可辩驳的论证来保卫科学，并且断言“德谟克利特的论断比亚里士多德的好”。

能工巧匠们已经在琢磨不久将被装入显微镜和望远镜的玻璃片了。

臆想和推测的时代就要结束了。

无可辩驳的证据的时代来临了。

不久，人们将亲眼看见从前只有理性的目光才能够看见的事物……

1600年2月17日。

几十万罗马人都赶到百花广场去，他们将看见一个未曾有过的场面，那里将烧死一个有名的异端。那里将有教皇本人，那里将有五十个红衣主教，那里将有从各地来的朝圣者，他们为了教会的大节日而聚集在一起。

不仅是整个广场，邻近的大街上也挤满了人，连屋顶上都是人。

从前，罗马人成群结队地集合到大赛马场，去看怎样烧死基督教徒。

如今，另外一些罗马人在互相推搡挤轧，为了要看见怎样烧死新真理的使徒。

现在他自己走上了他的就刑处。

他的祖国没有先知。罗马人嘲笑、叱骂那个他们本来应该引以为荣的人。

他穿着一件长衫，上面胡乱涂抹着有尾巴的魔鬼和地狱的火舌。他的头上戴着一顶可笑的尖帽子。

干这一切就是为了要使异端显得可笑而又可

[1] 伽利略（1564—1642），意大利物理学家、天文学家。

怜。但是当人们注视那张苍白的脸、注视那一双从无数的人头上望过去眺望无限远方的眼睛的时候，笑声就沉默了。

人群中有谁在说：

> 他应该高兴啊，他不久就要飞到他所臆想出来的世界里去了。

但是这个玩笑并没有引起共鸣。

布鲁诺镇静地沿梯子走上高高的一堆柴薪。

刽子手把他牢牢地用链子捆在柱子上。刽子手的头上包着一块只有两个小洞来露出眼睛的头巾。

牺牲者勇敢地正视人们的眼睛，刽子手却不得不把脸藏在面罩下面。

柴薪点着了，风吹旺了火。火已经接近脚了，它已经沿着衣裳往上跑了。

站在旁边的僧侣们贪婪地倾听：也许在这一刹那，他会背叛自己吧？但是他们的希望落空了，他们听不见恳求怜悯的话，从他的嘴里不发出一声呻吟。

然而布鲁诺并没有失去意识。

究竟是什么力量帮助他忍住喊叫呢？

我们不知道，在这最后几分钟他想了些什么。

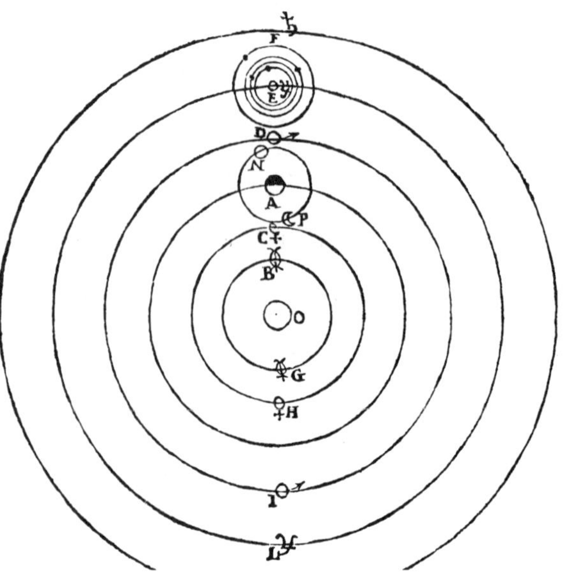

但是我们知道，从前，当他预感到自己那不可避免的死亡的时候所写的几句话：

我曾经勇敢地奋斗，认为胜利是可以达到的。但是心有余而力不足……我毕竟有过使后代不至舍弃我的那种品质。“他不知道对于死的恐惧，”后裔们将说，“他比任何人都刚毅，而且认为为真理而斗争是人生最大的乐趣。”

结 语

我们在半路上离开了我们的主人公，布鲁诺一生的结束不是人类的结束。因此布鲁诺才那么勇敢地迎接了死亡。

通常在结尾的一章总是说，过了许多年，主人公经历了什么事情，他的生命怎

样结束。但是我们主人公的生命是无穷尽的，我们永远也不能把他的故事讲完。

我们曾经和他在一起，从这一个城市走到那一个城市，从这一个世纪走到那一个世纪。我们去过米利都，去过雅典，去过亚历山大里亚，去过罗马，去过拜占庭，去过基辅，去过巴黎，去过伦敦，去过莫斯科，去过新世界的沿岸，又重新回到了罗马。

我们主人公的名字曾经叫作泰勒斯，叫作德谟克利特，叫作亚里士多德，叫作阿基米德，叫作卢克莱修，叫作马可·波罗，叫作阿法纳西·尼基京，叫作哥伦布，叫作叶尔马克，叫作哥白尼，叫作布鲁诺。

我们没有能够列举我们主人公所有的名字，你要知道，曾经创造过文化和正在创造文化的有百万千万人。

我们在新科学的门口站住了，我们只能远远看见，伽利略手里正拿着我们所认得的、研究世界的工具——显微镜和望远镜。

我们所谈的古代各民族的事情，比那些走上历史舞台比较迟的一些民族的事情谈得多。

每一个民族的生活和树木的生活一样，有大家都能看见的开花时期，也有为开花做准备的潜伏工作的漫长时期。

在这本书里，我们只略略接触了意大利的文艺复兴，却还没有那个在监狱里幻想“太阳城”的康帕内拉[1]，没有莎士比亚[2]和牛顿[3]，伏尔泰[4]和拉瓦锡[5]，莱布尼茨[6]和歌德[7]。

在我们的书里，美洲刚被发现，它的整个未来都在前面。

---

[1] 康帕内拉（1568—1639），文艺复兴时期意大利空想共产主义者，反对经院哲学，号召研究自然，注意感觉经验。他曾经领导那不勒斯人民反对西班牙侵略者的斗争，因筹划人民起义被监禁二十七年。他在监狱里写成《太阳城》一书，阐述了他的空想共产主义，反映了当时人民反对封建剥削、要求幸福生活的愿望。

[2] 莎士比亚（1564—1616），英国文艺复兴时期的戏剧家、诗人。

[3] 牛顿（1642—1727），英国物理学家，建立了经典力学的基本体系。

[4] 伏尔泰（1694—1778），法国启蒙思想家、作家、哲学家。

[5] 拉瓦锡（1743—1794），法国化学家，证明了物质燃烧和动物的呼吸都属于空气里的氧气参与的化学作用。

[6] 莱布尼茨（1646—1716），德国自然科学家、数学家、哲学家。

[7] 歌德（1749—1832），德国诗人、剧作家、思想家，在自然科学方面也很有贡献。

我们已经看见了，俄罗斯人民怎样走上了舞台，他怎样和本国恶劣的自然环境做斗争，他怎样开拓那无边无际的辽阔地域。

但是我们还没有能讲到罗蒙诺索夫[1]、普希金[2]、罗巴切夫斯基[3]、门捷列夫[4]、巴甫洛夫[5]。

在这本书里，有多少不同的名字和命运，有多少人和民族啊！时间用成千上万根线织成了叙述人的故事！每一根线都有自己的颜色。每一个民族都把出奇的线编入世界文化的共同花纹图案里。这一切结合在一起，构成了一件彩色缤纷的织物。

我们中断了我们的故事。织物没有从织机上取下来，还没有织完。大自然正在无休止地创造，人的劳动也是无穷的。

希望我们还能把话题带回到我们的主人公那里去，好给大家看看，他是怎样一世纪一世纪循着走向真理和征服大自然的路走着，并且越走越远。

[1] 罗蒙诺索夫（1711—1765），俄国学者、诗人、俄国哲学和自然科学的奠基者。

[2] 普希金（1799—1837），俄国诗人。

[3] 罗巴切夫斯基（1792—1856），俄国数学家，非欧几里得几何学的创始人之一。

[4] 门捷列夫（1834—1907），俄国化学家，化学元素周期律的发现者之一。

[5] 巴甫洛夫（1849—1936），俄国生理学家，对高级神经活动生理的研究有很大贡献。

图书在版编目（CIP）数据

人怎样变成巨人 / (俄罗斯) 伊林, (俄罗斯) 谢加尔著 ; 王汶译. -- 北京 : 北京联合出版公司, 2020.2（2020.7重印）

ISBN 978-7-5596-3824-3

Ⅰ. ①人… Ⅱ. ①伊… ②谢… ③王… Ⅲ. ①自然科学史—世界—普及读物 Ⅳ. ①N091-49

中国版本图书馆CIP数据核字(2019)第257543号

人怎样变成巨人

著　　者：［俄］伊林　［俄］谢加尔
译　　者：王　汶
出 品 人：赵红仕
选题策划：北京三一阁　后浪出版公司
出版统筹：吴兴元
编辑统筹：朱　岳　梅天明
责任编辑：龚　将　夏应鹏
特约编辑：周　运　孙皖豫
营销推广：ONEBOOK
装帧制造：墨白空间 · 曾艺豪

北京联合出版公司出版
（北京市西城区德外大街83号楼9层　100088）
后浪出版咨询（北京）有限责任公司发行
北京盛通印刷股份有限公司印刷　新华书店经销
字数400千字　787毫米 × 1092毫米　1/16　61.75印张
2020年2月第一版　2020年7月第二次印刷
ISBN 978-7-5596-3824-3
定价：298.00 元（全三册）

后浪出版咨询(北京)有限责任公司常年法律顾问：北京大成律师事务所
周天晖 copyright@hinabook.com